发现之旅

动植物篇

新光传媒◎编译

Eaglemoss出版公司◎出品

FIND OUT MORE

生物的进化

石油工业出版社

图书在版编目（CIP）数据

生物的进化 / 新光传媒编译.—北京：石油工业
出版社，2020.3
　（发现之旅.动植物篇）
　ISBN 978-7-5183-3145-1

　Ⅰ.①生… Ⅱ.①新… Ⅲ.①进化论－普及读物
Ⅳ.①Q111-49

　中国版本图书馆CIP数据核字（2019）第035409号

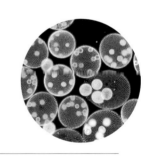

发现之旅：生物的进化（动植物篇）

新光传媒　编译

出版发行：石油工业出版社
　　　　　（北京安定门外安华里 2 区 1 号楼　100011）
网　　　址：www.petropub.com
编 辑 部：（010）64523783
图书营销中心：（010）64523633
经　　　销：全国新华书店
印　　　刷：北京中石油彩色印刷有限责任公司
2020 年 3 月第 1 版　2020 年 3 月第 1 次印刷
889×1194 毫米　开本：1/16　印张：8.25
字　　　数：105 千字
定　　　价：36.80 元
（如出现印装质量问题，我社图书营销中心负责调换）

编辑说明

　　"发现之旅"系列图书是我社从英国 Eaglemoss（艺格莫斯）出版公司引进的一套风靡全球的家庭趣味图解百科读物，由新光传媒编译。这套图书图片丰富、文字简洁、设计独特，适合 8 ～ 14 岁读者阅读，也适合家庭亲子阅读和分享。

　　英国 Eaglemoss 出版公司是全球非常重要的分辑读物出版公司之一。目前，它在全球 35 个国家和地区出版、发行分辑读物。新光传媒作为中国出版市场积极的探索者和实践者，通过十余年的努力，成为"分辑读物"这一特殊出版门类在中国非常早、非常成功的实践者，并与全球非常强势的分辑读物出版公司 DeAgostini（迪亚哥）、Hachette（阿谢特）、Eaglemoss 等形成战略合作，在分辑读物的引进和转化、数字媒体的编辑和制作、出版衍生品的集成和销售等方面，进行了大量的摸索和创新。

　　《发现之旅》（FIND OUT MORE）分辑读物以"牛津少年儿童百科"为基准，增加大量的图片和趣味知识，是欧美孩子必选科普书，每 5 年更新一次，内含近 10000 幅图片，欧美销售 30 年。

　　"发现之旅"系列图书是新光传媒对 Eaglemoss 最重要的分辑读物 FIND OUT MORE 进行分类整理、重新编排体例形成的一套青少年百科读物，涉及科学技术、应用等的历史更迭等诸多内容。全书约 450 万字，超过 5000 页，以历史篇、文学·艺术篇、人文·地理篇、现代技术篇、动植物篇、科学篇、人体篇等七大板块，向读者展示了丰富多彩的自然、社会、艺术世界，同时介绍了大量贴近现实生活的科普知识。

　　发现之旅（历史篇）：共 8 册，包括《发现之旅：世界古代简史》《发现之旅：世界中世纪简史》《发现之旅：世界近代简史》《发现之旅：世界现代简史》《发现之旅：世界科技简史》《发现之旅：中国古代经济与文化发展简史》《发现之旅：中国古代科技与建筑简史》《发现之旅：中国简史》，主要介绍从古至今那些令人着迷的人物和事件。

发现之旅（文学·艺术篇）：共 5 册，包括《发现之旅：电影与表演艺术》《发现之旅：音乐与舞蹈》《发现之旅：风俗与文物》《发现之旅：艺术》《发现之旅：语言与文学》，主要介绍全世界多种多样的文学、美术、音乐、影视、戏剧等艺术作品及其历史等，为读者提供了了解多种文化的机会。

　　发现之旅（人文·地理篇）：共 7 册，包括《发现之旅：西欧和南欧》《发现之旅：北欧、东欧和中欧》《发现之旅：北美洲与南极洲》《发现之旅：南美洲与大洋洲》《发现之旅：东亚和东南亚》《发现之旅：南亚、中亚和西亚》《发现之旅：非洲》，通过地图、照片和事实档案等，逐一介绍各个国家和地区，让读者了解它们的地理位置、风土人情、文化特色等。

　　发现之旅（现代技术篇）：共 4 册，包括《发现之旅：电子设备与建筑工程》《发现之旅：复杂的机械》《发现之旅：交通工具》《发现之旅：军事装备与计算机》，主要解答关于现代技术的有趣问题，比如机械、建筑设备、计算机技术、军事技术等。

　　发现之旅（动植物篇）：共 11 册，包括《发现之旅：哺乳动物》《发现之旅：动物的多样性》《发现之旅：不同环境中的野生动植物》《发现之旅：动物的行为》《发现之旅：动物的身体》《发现之旅：植物的多样性》《发现之旅：生物的进化》等，主要介绍世界上各种各样的生物，告诉我们地球上不同物种的生存与繁殖特性等。

　　发现之旅（科学篇）：共 6 册，包括《发现之旅：地质与地理》《发现之旅：天文学》《发现之旅：化学变变变》《发现之旅：原料与材料》《发现之旅：物理的世界》《发现之旅：自然与环境》，主要介绍物理学、化学、地质学等的规律及应用。

　　发现之旅（人体篇）：共 4 册，包括《发现之旅：我们的健康》《发现之旅：人体的结构与功能》《发现之旅：体育与竞技》《发现之旅：休闲与运动》，主要介绍人的身体结构与功能、健康以及与人体有关的体育、竞技、休闲运动等。

　　"发现之旅"系列并不是一套工具书，而是孩子们的课外读物，其知识体系有很强的科学性和趣味性。孩子们可根据自己的兴趣选读某一类别，进行连续性阅读和扩展性阅读，伴随着孩子们日常生活中的兴趣点变化，很容易就能把整套书读完。

目录 CONTENTS

单细胞生物

地球上最危险的捕食者是什么？是身形庞大的狮子、古老的鳄鱼，还是食人鲨？不过，世界上还有一种连这些野蛮的动物都畏惧的生命形式——单细胞生物。让我们追根溯源，回到生命的源头吧！我们就是从这些最基本的生命形式进化而来的。

细菌的多样性

35 亿年前，温暖的海洋酝酿出了地球上最初的生命形式。最早进化出来的生物是细菌和蓝藻，它们是最基本的单细胞生物，属于原核生物界。随着大气成分和气候的变化，这些单细胞生物越来越高级，也越来越大。

17 世纪，荷兰人列文虎克首先对细菌进行了描述，他使用自制的显微镜观察到了细菌。然而直到 19 世纪，微生物学家罗伯特·科赫才发现，细菌是很多传染病的罪魁祸首。

细菌和蓝藻都是原核细胞，与其他生物相比，它们的细胞结构非常特别。细菌的细胞有各种各样的形状，它们常常连接成链状或者片状，形成清晰的图案。

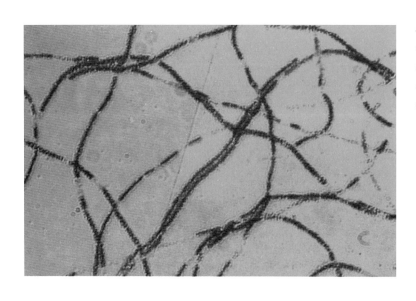

◀ 这些长长的杆状细胞是一种非常危险的病原菌细胞，它们能够引起炭疽病。这种病主要发生在牛身上，但也会感染人类，并且在大多数时候都是致命的。

细菌通常进行无性繁殖，它们只是对自己的遗传物质（DNA）进行简单的复制，然后分裂成两个子细胞。每一个子细胞都是母细胞的复制品。子细胞再以同样的方式分裂，于是它们的繁殖得以延续。这种繁殖方式称为二分裂，许多微生物都是以这样的方式繁殖的。在条件适宜的时候，细菌会大量繁殖，它们的细胞每 20 ～ 30 分钟就会分裂一次。

细菌的简单天性允许它们在一些条件非常恶劣的地方生存下来，从大洋深处到炽热的火山中心。细菌的成功繁殖依赖于它们强大的适应能力，它们善于充分利用可获得的营养资源，还能够忍受恶劣的环境。在适宜的温度下，它们生存、繁殖得最好。温度越偏离这个适宜范围，细菌的活性就越低。在极端温度下，细菌可能完全丧失活动能力，甚至死亡，这就是我们可以将食品冷冻以防止其腐烂的原因。

典型的病毒细胞

一旦进入寄主的细胞，病毒就会控制寄主细胞，并利用寄主细胞中的物质达到自己的目的。它会复制出许多自己的基因和蛋白质，这样就形成了许多新的病毒细胞。每一个病毒细胞都会继续感染其他的寄主细胞。这个过程非常有破坏力，被感染的细胞会发生病变甚至死亡。病毒会在高等动物中导致许多疾病。

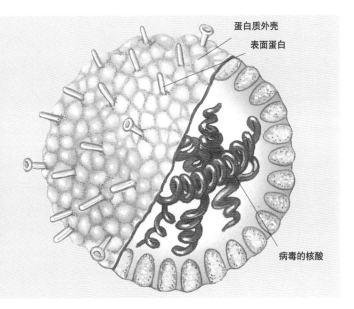

蛋白质外壳
表面蛋白
病毒的核酸

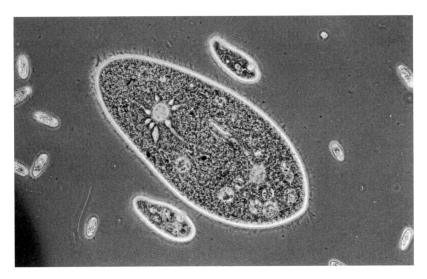

◀ 草履虫是一种原生动物，它通过细小的、像头发一样的纤毛将食物送入口中，然后，食物会进入一个含有消化酶的食物泡。许多原生动物都会与生活在它们的细胞质中的细菌形成共生关系。科学家们认为，细菌可以为原生动物制造维生素。

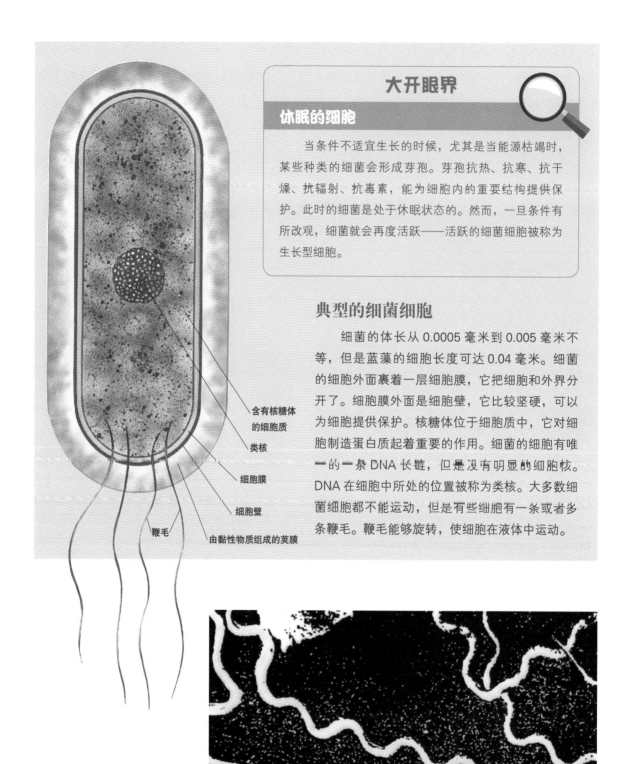

含有核糖体的细胞质

类核

细胞膜

细胞壁

鞭毛

由黏性物质组成的荚膜

大开眼界

休眠的细胞

当条件不适宜生长的时候，尤其是当能源枯竭时，某些种类的细菌会形成芽孢。芽孢抗热、抗寒、抗干燥、抗辐射、抗毒素，能为细胞内的重要结构提供保护。此时的细菌是处于休眠状态的。然而，一旦条件有所改观，细菌就会再度活跃——活跃的细菌细胞被称为生长型细胞。

典型的细菌细胞

细菌的体长从 0.0005 毫米到 0.005 毫米不等，但是蓝藻的细胞长度可达 0.04 毫米。细菌的细胞外面裹着一层细胞膜，它把细胞和外界分开了。细胞膜外面是细胞壁，它比较坚硬，可以为细胞提供保护。核糖体位于细胞质中，它对细胞制造蛋白质起着重要的作用。细菌的细胞有唯一的一条 DNA 长链，但是没有明显的细胞核。DNA 在细胞中所处的位置被称为类核。大多数细菌细胞都不能运动，但是有些细胞有一条或者多条鞭毛。鞭毛能够旋转，使细胞在液体中运动。

▶ 这是一种螺旋体的细胞，它属于密螺旋体属，既能寄生，也能共生。

并非所有的细菌都需要氧气来进行呼吸作用——事实上，在最早的细菌进化出来时，地球的大气层中根本就没有氧气。那些需要在无氧条件下呼吸的细菌被称为厌氧菌，需要在有氧条件下进行呼吸作用的细菌被称为好氧菌。有些细菌在有氧条件和无氧条件下都能生存。

在数千种细菌中，只有很少的一部分是病原菌（能够引起疾病）。不过，这部分病原菌对人类是非常危险的，它们可能引起破伤风、军团病、梅毒、炭疽病和黑死病等致命疾病。

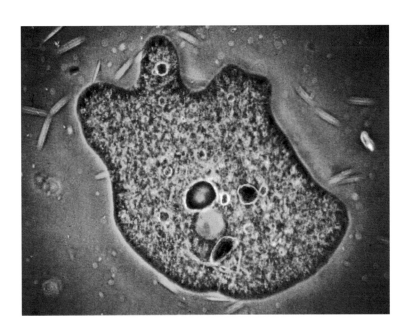

◀　变形虫的细胞膜非常柔韧，很容易变形，里面含有流动的细胞质。它们通过变形而移动，并通过吞噬而进食——这个过程被称为吞噬作用。

不同的病毒

位于活细胞外时，病毒被称为病毒粒子。它有一个蛋白质外壳，外壳内有核酸（DNA 或者 RNA）。

长疣子

图中的乳头状多瘤空泡病毒会让人体长疣子。病毒感染可以通过医疗手段得到控制，但人们要想完全摆脱病毒感染几乎是不可能的。

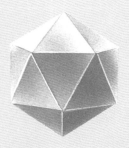

流感病毒

流感病毒粒子外面覆盖着一层复杂的膜，它使得病毒的遗传物质能够聚集在一起，并准确地进入寄主细胞。

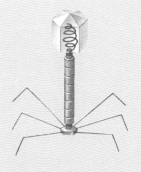

噬菌体

大多数对于病毒感染现象和病毒生命周期的研究，都是以噬菌体为实验对象的。这类病毒专门感染细菌。

为了对付世界上的病原微生物，医学界简直绞尽脑汁。这些微生物非常狡猾。它们具有极强的适应性，能很快地战胜针对它们的药物和治疗手段，或者产生抗药性。一旦这些微生物产生了抗药性，医学家们就必须另寻克敌之术。

距今 25 亿年前，蓝藻是地球上最主要的生命形式，甚至在今天，它们也十分普遍。蓝藻是最早的能进行光合作用并释放出氧气的生物，尽管如今它们制造有机物的过程已经得到了进化。蓝藻的这　行为逐渐改变了地球大气的成分，进而促进了所有高等生物的诞生。

今天，在那些水流缓慢或完全停滞的湖泊、池塘和沟渠中，蓝藻仍然十分常见。它们能够忍受恶劣的环境，甚至能在富含硫黄的温泉和盐湖中大量存在。

原生生物

原生生物界中包括一些简单的生物，其中大部分都是单细胞生物。在原生生物界中，有各种真菌（如酵母和黏菌）、藻类（如裸藻）和一些原生动物（如变形虫）。这些生物的大小和细胞结构都与细菌有着明显的差别。原生生物比细菌大得多，它们的细胞是真核的。真核细胞比原核细胞复杂得多，并且具有明显的细胞核，以及在细胞中起着重要作用的细胞器。所有的高等动物都是由真核细胞构成的。

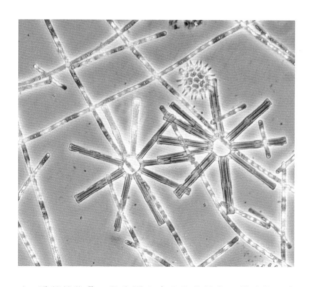

▲ 浮游植物是一种生活在水中的像植物一样的微小生物。它们能够进行光合作用，是海洋中氧气的主要制造者，就像陆地上的绿色植物一样。藻类是水中的主要浮游植物。

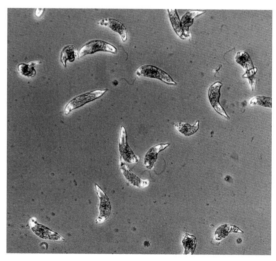

▲ 许多藻类，如图中的裸藻，都属于单细胞生物。它们细胞内的绿色部分意味着其中含有叶绿体，这种裸藻既能直接摄取食物，也能通过光合作用为自己制造养料。

在原生生物界中，原生动物门是很重要的一类。原生动物生活在各种各样的环境中，其中许多都是寄居在较大动物身上的寄生虫。还有些原生动物是主动觅食者，可以自由活动。根据它们运动方式的不同，可以将原生动物分成四类。

那些通过鞭毛（像尾巴一样的毛，能够像螺旋桨一样旋转）进行运动的原生动物属于鞭毛纲。在这群动物中，大多数都是可以独立生活的，只有少数是寄生虫。这个群体中最有名的寄生虫是锥虫，其中，冈比亚锥虫会导致昏睡病。

通过变形运动进行移动的原生动物属于肉足纲。这个群体的代表是变形虫。它们主要生活在湖泊和池塘中，但是有一些种类生活在潮湿的土壤里。变形虫的繁殖方式也是二分裂。

有些原生动物是通过纤毛（细小的毛发）来运动的，它们属于纤毛纲。这些动物的与众不同之处在于它们有两个细胞核——一个大核，一个小核。小核只与有性繁殖有关，大核则主导着其他的细胞进程，比如生长和新陈代谢。这个群体中的原生动物是通过两个异性个体之间的细胞融合来繁殖的，繁殖过程涉及小核的结合和变化。繁殖产生的后代拥有来自两个亲本的基因。

还有一些原生动物属于孢子纲。孢子纲的动物通常不会运动，它们通常都是寄生虫。其中最有名、对人类来说最危险的孢子纲动物是疟原虫，这种动物会引起疟疾。

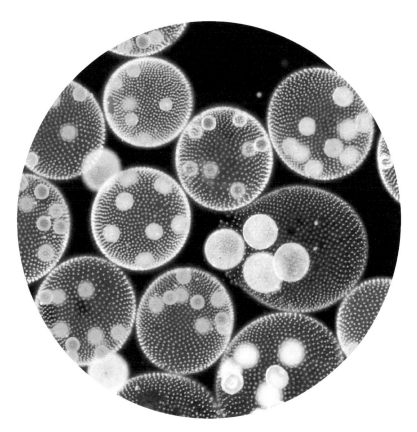

◀ 团藻是一种单细胞藻类。图中的每一个圆圈都复制出了许多新细胞，中间的圆圈正在释放复制出来的几个子细胞。

微小的病毒

　　病毒是最小的，也是最简单的微生物。它们的直径在 10 ～ 500 纳米（1 纳米是 1 毫米的百万分之一）。它们的存在状态有两种，一种是存在于其他生物的活细胞内，另一种是存在于活细胞外。病毒只能在其他生物的活细胞内繁殖、生长、代谢，在细胞外，病毒完全是惰性的。

　　根据寄主的不同，病毒可以被分成几类，包括动物病毒、植物病毒和细菌病毒。细菌病毒通常被称为噬菌体。

▲ 蓝藻大量繁殖会把神经毒素释放到水中，从而威胁到水中的动物。不过，许多蓝藻都有固氮作用，能够与其他的植物（如地钱和蕨类植物）共生。

多足类生物

在所有的爬虫当中，蜈蚣和千足虫是最令人毛骨悚然的，它们长着长长的像香肠一样的身体和好多条腿。还有些多足类动物是非常凶恶的家伙，一只热带大蜈蚣甚至能够吃下蟾蜍、蜥蜴或者老鼠。

蜈蚣和千足虫（又叫马陆）被归为多足类，它们都是神秘莫测的动物。白天它们躲藏在潮湿的地方，夜晚才出来觅食。这是因为它们不像昆虫一样在皮肤里含有能够保持身体水分的蜡质，所以如果白天出来活动，它们会面临脱水的危险。

一旦出来活动，它们就很容易被辨认出来——它们的身子长长的，长着无数条腿。但是蜈蚣和千足虫并非近亲。千足虫属于倍足亚纲，而蜈蚣属于唇足亚纲。

蜈蚣的英文名字"centipede"的意思是"一百条腿"，尽管大多数蜈蚣并没有那么多条腿——许多蜈蚣只有 15 对（30 条）腿。千足虫的英文名字"millipede"的意思是"上千条腿"，它们的腿确实比其他任何动物都多，但是，并没有哪只千足虫真的有 1000 条腿。

◀ 蜈蚣弯曲的毒牙从它的一对前腿处伸了出来。蜈蚣用毒牙来抓住猎物，并往猎物体内注射毒液。有一些大型热带蜈蚣在被人碰到之后，会狠狠地咬上一口，不过大多数蜈蚣对人类都是无害的。

蜈蚣

全世界大约有 2000 种蜈蚣。它们全都是从卵发育而来的。有的一孵化出来腿就是全的，而另一些在最初孵化出来的时候，腿尚未发育完全。这种腿发育不完全的蜈蚣，会随着身体的成长而长出更多的腿，它们每蜕掉一层皮，就会长出一套新的腿脚。

蜈蚣扁平的身体是由许多相似的被称为体节的结构组成的。这些体节连在一起，形成了长长的躯干。每段体节上都长着一对腿。与千足虫相比，蜈蚣的腿较少但更长，而且蜈蚣是行动

◄ 这个长腿小家伙是蚰蜒，它是一种非常活跃的蜈蚣，而且行动迅速，这要得益于它那瘦长的腿骨。对于一只蜈蚣来说，它的视力算是非常好了——这对它猎捕范围内的小动物来说可是一个坏消息。

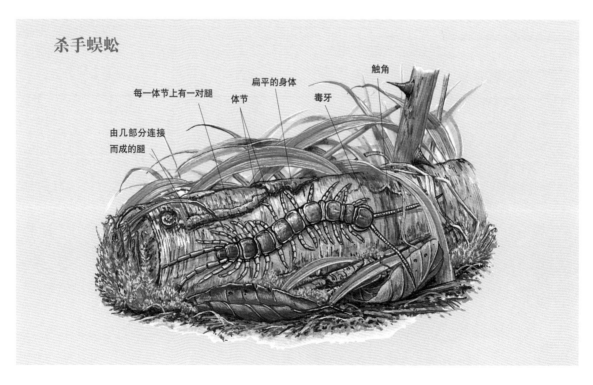

杀手蜈蚣

由几部分连接而成的腿

每一体节上有一对腿

体节

扁平的身体

毒牙

触角

迅速的、凶残的捕食者。

蜈蚣那扁平的身体使它能够钻进腐烂的木头、土壤、岩石、残屑物和海草的狭窄缝隙之中。它们的眼睛结构很简单（被称为单眼），可以感觉明暗。有些种类长着许多密集的单眼，看上去就像昆虫的复眼一样，但是这些单眼恐怕无法形成清晰的图像。

尽管蜈蚣的视力很弱，但它仍然能够追踪猎物——主要是昆虫、各种幼虫和蠕虫，因为它们长长的触角具有感受气味和触觉的能力。它们会用从连接着毒牙的毒腺中分泌出来的毒液杀死猎物，而这对毒牙其实也是它们的两条前腿。盲蜈蚣用一对长长的后腿来自卫并抓捕猎物。

有一些种类的蜈蚣还能像萤火虫一样发光。因为它们彼此之间都看不见，所以这种发光现象可能是一种自卫行为，而不是给同类的信号。

千足虫

千足虫看上去很像蜈蚣，但是它们的身体无论柔软还是坚硬，都更加浑圆，接近圆柱形。这种体形有利于它们在疏松的土壤和落叶中居住和进食。它们的身体也是由体节组成的，但是每节长着两对腿。

雌性千足虫每次会产下 10 多枚到 300 枚卵。有些雌性会用粪便或泥土建成的硬壳来保护自己的卵。卵孵化出来后，多数幼虫都会经历 7 次蜕皮，并在 6 ～ 12 周后发育成熟。

千足虫的行动比较缓慢，但是在搜寻食物的时候，它们的腿可以提供足够的挖掘力量。大多数千足虫都是植食性动物，以柔软的植物和腐烂的植被为食。千足虫是害虫，它们会啃食甜菜之类的农作物，也会在花园里为非作歹，是园丁的眼中钉。

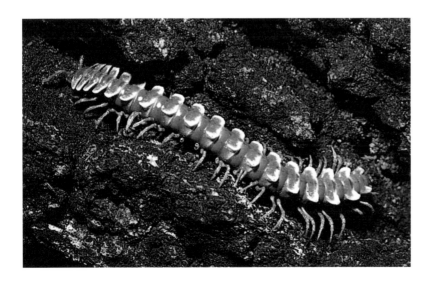

◀ 这条蓝色的千足虫色彩异常鲜艳。它的身体也相对扁平，因为它大多数时间都在地面的裂缝中生活。

行动缓慢的千足虫

圆滚滚的身体

触角

颚

每一体节上有两对腿

体节

身体旁侧的一排臭腺

▲ 两只巨型马陆拥抱在一起交配，它们的姿势看起来好像在互相亲吻。它们身上明亮的色彩是用来警告捕食者的。

你知道吗？

爬行者

世界上最大的蜈蚣生活在孟加拉湾的安达曼群岛上。这种蜈蚣能长到 330 毫米长，38 毫米宽，像一根黄瓜那么大。而最短的蜈蚣只有 5 毫米长，相比之下太微不足道了。

还有一种千足虫长 280 毫米，来自印度洋的塞舌尔。

腿最多的蜈蚣生活在南欧，它大约有 170 对腿。但是加利福尼亚有一种千足虫更胜一筹，它共有 375 对腿！

这条马达加斯加的球马陆为了保护自己，将身体缩卷成了一个小球。有些卷起来的千足虫相当于一个高尔夫球大小。

　　有些生活在热带地区的千足虫有着长长的口器，能够刺穿植物的茎，吸食里面的汁液，另一些则以覆盖在树干上的藻类为食。有几个种类会吃土壤，就像蚯蚓一样。当土壤通过它们的消化系统时，它们会把其中的营养物质全部吸收。生活在岩石中的千足虫与众不同，它们是捕食者。在追捕蚯蚓、盲蜘蛛、蜈蚣和昆虫时，它们的行动速度可达其他千足虫的两倍。

　　千足虫的身体侧面分布着臭腺，受到侵扰的时候臭腺会制造出一种难闻的化学物质。大多数千足虫颜色黯淡，但是有几个热带种类，比如巨型马陆，色彩十分鲜艳，它们以此警告潜在的捕食者自己是有毒的。许多千足虫在受到侵扰时会缩卷成螺旋形，而球马陆会把身体紧紧卷成球形来保护自己。

无脊椎动物之蠕虫

在这个世界上，有大量藏匿着的蠕虫在翻腾着、扭动着。观察它们的最佳时间是在雨后，或者在乌鸫与它们进行着生死较量的清晨。

蠕虫是一种又长又细的无脊椎动物，在大多数栖息环境中都有它们的身影。许多蠕虫都是寄生生物，它们的名字也很奇怪，像棘头虫、铁线虫等。蠕虫可被分为三大类，它们是环节蠕虫、线虫和扁形虫。

环节蠕虫

环节动物门是蠕虫中的一个大类（门）。这是一种又长又细的生物，头部和尾部都能被明显地区分开。它们的身体是由一些独立的体节组成的，在这些体节上通常长有肢状结构（疣足）或发状硬毛（刚毛）。它们可能生活在地面上，也可能生活在水里。蚯蚓属于寡毛纲，它们会在落叶

◀ 蚯蚓以腐烂的植被为食。它们是园丁的朋友，能松动土壤使土壤中充满空气，并帮助土壤里的营养物质进行循环，为来年的农作物做好准备。

层、腐烂的植被或土壤中挖掘地洞，吃腐烂的植物。它们的近亲颤蚓和角尾虫则生活在淡水中。

　　每条蚯蚓都兼具雌雄性别（雌雄同体），但交配通常发生在两条蚯蚓之间。它们将卵产在土中褐色的椭圆形茧中。细小的蚯蚓从卵里孵化出来，随着成长，身上的体节不断增加。如果一条蚯蚓的尾巴被砍掉了，会长出新的体节来取代它。但是在被切断的尾巴上，却不会长出新的头部。

　　毛刺虫（多毛纲）包括像沙蚕这样的活跃的食肉虫。它们在海床、岩石和沉积物上漫游，猎食小动物，或者以死亡动物的肉体（腐肉）为食。在这类蠕虫中，其他蠕虫不是很活跃，比如海毛虫，它们那鲜艳的绿色"外衣"使它们看上去就像粗粗的、毛茸茸的小黄瓜。

　　有一些多毛纲环节动物，如帚虫，会附着在一个地方生活。它们会设法用自己那羽毛状的触须诱使在附近流动的食物颗粒进入"圈套"。像缨虫这样的多毛虫则生活于那些在岩石、贝壳和海草上形成的花边状的管状物中。

　　水蛭（蛭纲）是最高级的环节蠕虫。它们在水里或陆地上的潮湿地方，以肉食虫或寄生的方式生活着。它们的身体两端都有吸盘，可以利用吸盘移动、进食或者黏附。

扭动和伸屈

　　蚯蚓通过肌肉收缩以及可以抓牢土壤的刚毛扭动身体，并钻入深深的地下。水蛭既能自由游动，也能把身子绕成一个圈。

深入土壤
挖洞的时候，蚯蚓身体后部细小的刚毛会把它们"锚定"在土壤中，并通过肌肉收缩使身体前部在土壤里向前推移。

伸屈行进的水蛭
水蛭能够通过伸屈运动在平面上移动好几英寸的距离。当它的身体前端探索着朝前时，身体后端的吸盘会将它固定住。然后，当它的身体拱起时，前部吸盘就会抓牢土壤，同时带动身体后部前移。

水蛭具有良好的嗅觉，其中有的种类长有 3 对眼睛。还有一些寄生性陆生水蛭长有热敏器官，它们利用这种器官探测在附近经过的温血哺乳动物。像医蛭这样的寄生水蛭会咬住受害者，并在受害者毫无知觉的情况下大量偷吸血液。这是因为它们的唾液含有麻醉剂，会使寄主暂时失去痛觉。过去，医生们经常利用水蛭治病。今天，有时外科医生做完整形手术以后，仍然会利用它们来帮助患者恢复血液循环，橄榄球运动员被打开了花（流血）的耳朵有时也用它们来治疗。

线虫

线虫（蛔虫）大量生活在全世界各种各样的栖息环境里，它们属于线形动物门，包括丝虫、蛲虫和钩虫等种类。它们身体细长，身体一端或两端都是尖尖的，覆盖着厚而透明的皮肤。它们的大小各不相同，既有用显微镜才能看见的微型线虫，也有一米多长的线虫。

大多数线虫都无害，但也有一些会寄生在动物或植物体内。其他一些生活在土壤里，通过啃噬植物组织而制造破坏，使植物易于患病。钩虫可能是人类疾病最常见的病因之一，全世界

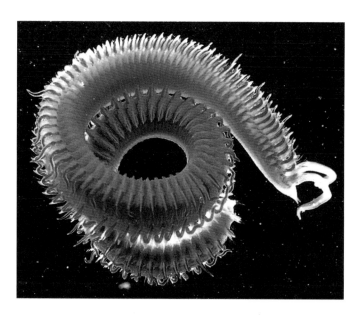

▲ 图中这种身体呈盘旋状的多毛纲蠕虫，每个体节上都有一对爬行足。这种蠕虫中的大多数都生活在海里，尽管也有几种生活在淡水中，甚至陆地上。

▲ 缨鳃虫会用黏液建造泥质管或者沙泥管。图中这只缨鳃虫正用它那像羽毛掸子一样的触须进食。这些触须对于振动和光线变化很敏感，如果受到危险的威胁，它们就会向后退回自己建的管道中。

大约四分之一的人都曾受钩虫的困扰。它们能够引发好几种严重疾病，如由丝虫引起的象皮病会使腿部肿胀到正常大小的好几倍。

扁形虫

扁形虫是三类蠕虫中最低级的一门，被称为扁形动物门，包括那些身体扁平、头部特征明显、大脑简单，并具有身体结构的物种。这种动物身上只有一个口，摄取食物和排泄都通过这一个口进行。扁形虫的身体严重受伤部分很容易再生。如果你把一条扁形虫砍成两半，那么它会变成两条小小的扁形虫。

涡虫是一种食肉的扁形虫，主要生活在水中和陆地潮湿的栖息环境中。

吸虫是一种寄生虫，生活在其他生物体内。它们用身上的吸盘牢牢抓住寄主。

绦虫是一种带状寄生虫，主要生活在人类等脊椎动物的内脏中。它们没有消化系统，但它们能够通过体表吸收基本营养物质。这种蠕虫的脑袋（头节）上有吸盘和钩，可以将它们牢牢固定在寄主身上。它们的长尾是由很多一模一样的体节组成的。

▲ 海生扁形虫，就像这种色彩鲜艳的多肠目扁虫，它会通过身体的波状运动穿梭于水中。许多扁形虫都是雌雄同体。不过，它们通常都是两个独立的个体在一起交配。

腔肠动物

虽然它们可能天生就是果冻状的，但是腔肠动物却不能被小视——问问那些被水母刺痛过的人你就知道了。它们很原始，却令人惊讶地成功繁衍了下来。与腔肠动物相比，海绵更简单——它们是最简单的多细胞动物。

这个大型动物门是由各种古怪的动物组成的，而这些古怪的动物是按照它们的形状、大小和生活方式来分类的，如珊瑚虫、海葵、水母、海鳃，还有其他一些动物。不过，它们彼此都是有关系的，因为它们共同拥有一些与众不同的特征。

首先，所有腔肠动物都呈辐射对称状，它们的身体的基本结构是圆形。其次，它们的消化系统是一个被称为腔肠体的体腔，这个动物门的名字（腔肠动物）就来源于此。食物通过嘴进入体腔，废物再通过嘴被排泄出去。

腔肠动物的身体还含有大量被称为中胶层的物质（主要是果冻质），在它们的触须上还长有刺细胞。

◀ 这条害羞的双锯鱼正在一个巨大的南太平洋海葵中朝外窥视。它们躲在海葵的触须里，远离捕食者。它们会制造出一层黏液"外衣"，保护自己不被海葵的刺伤害。

你知道吗?

过去的珊瑚虫

地球上最大的建筑不是人造建筑，而是由渺小的珊瑚虫"建造"出来的。在澳大利亚东海岸的大堡礁长1600多千米，是地球上最长的、由动物"建造"的建筑。它如此巨大，甚至在月球上都能被看到。但是，大约5000万年前，在今天的伊朗、伊拉克和土耳其地区，曾经还有过一片更大的珊瑚礁。

▲ 红珊瑚表面这些白色的小丛毛，是正在进食的珊瑚虫。白天，大多数珊瑚虫都躲在像杯子一样的固体碳酸钙中，保护自己不被伤害。夜里，它们伸出触须，设法诱捕那些从它们身边漂流而过的"食物"。

触须"圈"

腔肠动物主要有两种：水螅型和水母型。水螅型是柱状形体，其中一端有一圈触须。它们是固着型的有机体，意味着一生都固定在一个地方。水母型呈伞状，漂浮在海洋中，含有大量中胶层。它们的嘴在伞状体的下面，嘴的周围有一圈触须。

水螅是最简单、最小的腔肠动物之一。水螅的英文名（hydra）来自希腊神话中的九头蛇——海德拉。这种低等的水螅生活在淡水中，被生物学家广泛研究。水螅含有少量细胞（比别的大多数多细胞动物都少），使研究者能够在相对不复杂的有机体中，研究生命活组织的成长。

在很多年里，人们一直认为珊瑚是一种小型植物——许多珊瑚虫看上去都像美丽的花儿。但是在1774年，一位名叫亚伯拉罕·特伦布雷的瑞士生物学家，用一台最原始的显微镜，发现珊瑚实际上是一种动物。

珊瑚内部

在石质珊瑚虫的骨骼里，珊瑚虫被肠系膜隔开了。珊瑚虫用触须获取食物小颗粒。食物颗粒再通过嘴进入它们的腔肠体。然后，这些食物颗粒被肠系膜中的消化腺分解。

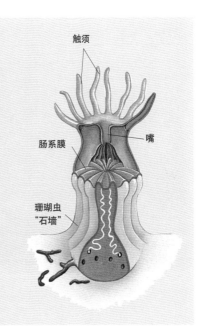

触须

肠系膜

嘴

珊瑚虫"石墙"

遇到暗礁

　　珊瑚礁是一个高度复杂的生态系统，它并不仅仅是由珊瑚构成的，还有海胆、鱼、鳗鲡、海绵、海藻、软体动物、海参、海虫、海蛇、海龟，以及其他一些腔肠动物，包括海洋中的水螅、海葵，和它们的近亲——海扇和海鞭。它们都在珊瑚礁中寻找食物和隐蔽之所。

珊瑚礁中的动物

1. 羽状珊瑚　　　　10. 镰鱼
2. 脑珊瑚　　　　　11. 长鼻蝴蝶鱼
3. 石松　　　　　　12. 美洲鳗
4. 飞盘珊瑚　　　　13. 太平洋扳机鱼
5. 海扇　　　　　　14. 小热带鱼
6. 柳珊瑚　　　　　15. 鹦鹉鱼
7. 红海绵　　　　　16. 拟花
8. 瓶状海绵　　　　17. 海胆
9. 管状海绵

果冻"钟"

在最出名的腔肠动物中，有一些是水母。夏天，这种大型的海洋中的捕食者，成群聚集在海岸周围。水母中也有几个种类，包括狮鬃水母和月亮水母。有一些水母长有刺，一只大型的狮鬃水母会给人带来巨大的痛苦。

它们甚至在死后也会刺人，所以，在海岸上最好避免踩到它们。当它们的身体风干后，刺会消失。在亚洲一些地方，风干的水母是人们餐桌上的美味。它们吃起来就像一块咸橡胶，带着浓郁的海腥味儿。

水母的生命循环比较复杂。成年水母有生殖器官，受精后发育出微型幼虫——浮浪幼体，浮浪幼体被释放到水中。当浮浪幼体在一块岩石下固定下来后，就会变成螅状幼体。螅状幼体非同一般，因为它会不断"生出"微型水母——蝶状幼体。蝶状幼体以微型浮游生物为食，很快就长成大水母，然后再开始一轮新的生命循环。成年水母只能存活一年，但是螅状幼体却可能会存活好几年。

▲ 在近距离观察中你会发现，食用螃蟹那骗人的"假发"，实际上是"居住"在它壳上的一只链锁海葵。一些海葵与螃蟹具有共生关系。海葵为螃蟹提供保护，作为回报，它们食用被螃蟹丢弃的食物碎屑。

▲ 这只红海葵正在攻击它的邻居——绿海葵。红海葵挥舞着一圈刺细胞，倾斜着身子，对绿海葵肆意进攻。战争会一直持续下去，直到另一只海葵拉出自己的触须逃走。

四位一体

　　僧帽水母的俗名是"葡萄牙战舰"，它们在热带海洋中很常见。但它们并非真正的水母，而是一种水螅。它是由一群特殊的、不同分工的、同样个体的水螅组成的。它们随着潮汐和海风漂流。它们的刺细胞强劲有力且有毒，这意味着除了海龟，它们几乎没有天敌。海龟似乎不会被它们刺伤。

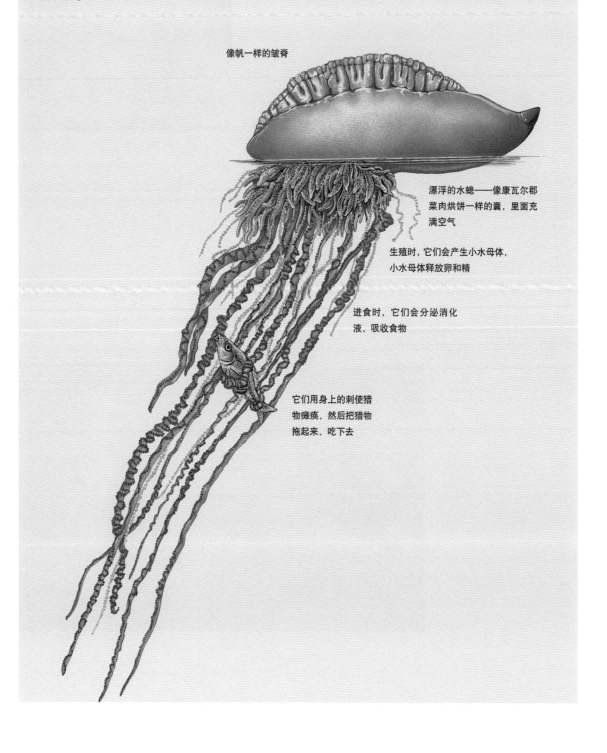

像帆一样的皱脊

漂浮的水螅——像康瓦尔郡菜肉烘饼一样的囊，里面充满空气

生殖时，它们会产生小水母体，小水母体释放卵和精

进食时，它们会分泌消化液，吸收食物

它们用身上的刺使猎物瘫痪，然后把猎物拖起来、吃下去

水母的生命循环

在受精后，水母幼虫（浮浪幼体）固着下来，成为螅虫（螅状幼体）。螅虫会"生产"能自由游动的蝶状幼体。然后，蝶状幼体长成水母体——成年水母。

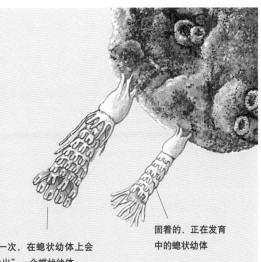

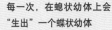
每一次，在螅状幼体上会"生出"一个蝶状幼体

固着的、正在发育中的螅状幼体

成年水母

蝶状幼体有 8 只分开的"手臂"，以浮游生物为食

自由游动的蝶状幼体

海绵

海绵（多孔动物）没有明显的身体组织，比如肌肉。因此，当它们身体破裂，受伤部位很快就能再生。它们可以通过卵和精进行有性繁殖，以海水中的有机物为食。

它们生活在世界各地的海洋中，有一些种类生活在淡水中。它们有各种形状、大小和颜色，从小小的、固着在岩石下的、如面包屑似的海绵，到加勒比海中的、如球状的大海绵，以及图中这种被潜水员看到的、像巨大的篮子一样的海绵。

温柔的圈套

海葵的成年时期是像水螅一样度过的。但是它们不像珊瑚虫会形成一大片。虽然它们在温带地区很常见，但是在温暖的热带水域里，仍然有一些不同的品种。

大多数海葵只有几厘米宽，但是也有一些能长到 20 厘米宽，甚至还可能活 50 多年。在所有的海葵中，最大的海葵是太平洋中的巨型仙人掌海葵，它的直径可以长到 1 米，这大得足以让一个潜水员坐在上面。

海葵习惯待在一个地方，等待食物经过它们的身边，然后伸出像圈套一样的触须，把食物牢牢地"抓"住。但是大多数海葵都能够缓慢爬行，其中有几种甚至还能够在水中漂浮或者游泳。它们可以分裂，进行无性繁殖。但是，它们同样也能够有性繁殖，生育出自由游动的幼虫（浮浪幼体），幼虫在一个地方固着下来，然后变成螅状幼体。

刺细胞

在腔肠动物中，刺细胞可能是大家最熟悉的特征。刺细胞就像一个小口袋，里面有杂乱盘绕的中空小管，小管上有一排排显著的刺。当触须接触到猎物或者捕食者的皮肤后，刺细胞中带刺的小管，就会产生一种爆发性的力量，刺进猎物或者捕食者的皮肤。然后，剧毒通过小管被"泵入"皮肤。它们身上的这种毒不但能杀死小型猎物，还会引起巨大的痛苦。

一些热带地区的水母，毒性强得足以在几分钟内杀死一个成年人。但是，尽管所有腔肠动物都有刺细胞，可是大多数腔肠动物的刺细胞并不能够刺穿人体的肌肤。

成群的珊瑚

珊瑚礁是由成千上万的珊瑚群组成的，每一群珊瑚又是由成千上万的珊瑚虫组成的。珊瑚虫就像普通的腔肠动物的螅状幼体，但有两点除外：一、它能制造固体碳酸钙（和石灰石一样）；二、珊瑚虫的身体组织中有大量微型海藻，正是这些海藻，使它能够制造出大量碳酸钙，从而形成珊瑚礁。

珊瑚礁非常易碎，而且容易因为风暴、污染、被人收集，以及过度捕鱼被破坏。海洋生物学家对此也非常关注，因为世界上一些最美丽、最重要的珊瑚礁，可能很快就会永远消失。

软体动物

软体动物是无脊椎动物中一个较大的群体，其中包括蜗牛、蛞蝓和各种各样的海螺等。这些海螺的名字很有趣，比如枣螺、玉黍螺和梯螺。它们的体形较小，身体很柔软，肉乎乎的，大多数都蜷缩在壳里，彼此间互不干涉，只是时而羞怯地探出一根触角或一只肉足。

海滩上被海水冲刷干净的空贝壳，原本都属于某种没有腿的柔软的动物——软体动物。它们柔软的身体通常包括头部、肉足以及呼吸、消化和生殖器官，身体外面包裹着一层薄膜，叫作套膜。很多软体动物都生活在一个由套膜形成的厚重的保护性贝壳里面。一些软体动物没有外壳，但它们的身体内部通常有一个柔软的保护壳。

很多软体动物生活在海里，一些蜗牛和双壳类动物生活在淡水中，还有些蜗牛和蛞蝓生活在干燥的陆地上。最大的三个软体动物家族是腹足纲、双壳纲和头足纲的软体动物。

腹足类动物长着单片的壳，常呈卷曲或者螺旋状。双壳类动物的壳则分为两半，每半称为一个瓣壳。这两个瓣壳铰合在一起，能够张开和闭合。头足类动物包括章鱼和乌贼等，这类动物是软体动物中最高等的形态，但是它们中的大多数都没有壳。

◀ 图中的这对红蛞蝓正在交配。尽管每个蛞蝓都同时具有雄性和雌性生殖器官，但是它们还是会寻找一个伴侣进行交配。体形较大的灰蛞蝓交配时，会顺着一根黏液线从树枝上滑下去，然后黏糊糊地拥抱缠绕在一起。

腹足类动物

已知的软体动物有 10 万多种，腹足类动物就占了 8 万多种，其中包括蜗牛、帽贝、峨螺以及陆生和海生蛞蝓。它们的头部都长着触角和眼睛，并且能用一只肉足四处行走。大多数腹足类动物都长着单片的壳，蜗牛的壳是卷绕的。它们生活在各种不同的环境中，包括沙漠、海洋和淡水。它们以植物和动物为食，而且大多数物种都进行有性生殖，生出游动的幼虫，称为面盘幼体。

蜗牛是陆生动物，以植物为食。它们用锉刀一样的齿舌（一种坚韧的用来刮磨的舌头）磨碎植物。在寒冷地区的冬天，蜗牛会进行冬眠。它们把头和足缩到壳里，用黏液封住壳的开口，黏液硬化后就形成了一个封口的塞子。在炎热的地区，蜗牛在干旱的天气里进行夏眠（与冬眠类似）。夏眠时，它们也同样把自己密封起来，防止水分散失。蜗牛是雌雄同体动物，每只蜗牛

▲ 这只环纹外壳的蜗牛竭力伸展身体，吃食树莓的叶片。一旦从壳里出来，它柔软的身体就很容易受到攻击。外壳可以保护它免受捕食者的攻击，也有助于防止体内水分的散失。

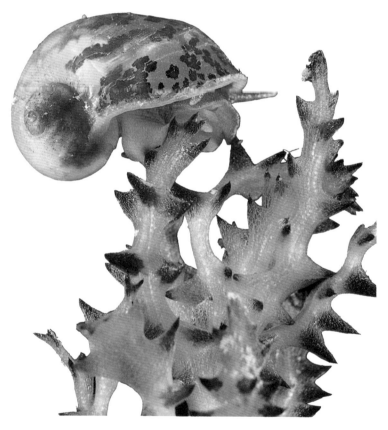

▲ 这只淡水蜒螺正在啃食水池草。这种动物生活在富含石灰的水域里，这有助于它们建造自己坚固的外壳。蜒螺也常见于岩石海岸和红树林沼泽中。

海螺

　　海螺的种类异常丰富。大多数海螺贝壳都很坚硬，呈卷曲的管状，由碳酸钙构成。贝壳里的居住者会随着自己慢慢长大，不断地往贝壳的开口处添砖加瓦。

猫眼蝾螺
花纹复杂的蝾螺可见于浅海珊瑚礁处。人们采集蝾螺，用它们的珠母层（贝壳的内层）做成纽扣、项链和装饰品。

虎斑宝贝
宝贝生活在珊瑚礁处。人们常常采集这种美丽的贝壳，它们在非洲曾被当作货币使用。

玫瑰千手螺
这只多刺的斯里兰卡玫瑰千手螺长着美丽的粉红色末梢。一些不道德的商贩为了出售，常将它们放在染料里浸染，增强它们身体的颜色。

大法螺
这种贝壳动物生活在珊瑚礁处，能长到30厘米长。人们有时把它当作号角吹奏。

埃勒维兹螺
直到1973年，人们才发现这种美丽的捻螺。捻螺是一种掘沙的海螺。

望远镜螺
这种锥形螺生活在红树林沼泽里。它们能长到9厘米长。

龙宫翁戎螺
龙宫翁戎螺分布在深水海域，它长着一个裂口用来排泄废物。

长鼻螺
这种深水螺长着一根尖细的锥形头部，和一根特别长的针状末端。

织锦芋螺
这是最毒的芋螺之一。

旋梯螺
不久以前，人们还只知道一种旋梯螺。但是随后，在日本附近陆续发现了很多新的物种。

大笋螺（又叫枪鱼螺）
大笋螺可见于热带海滩，它能长到15厘米～20厘米长，常被用作钻孔工具。它的别称来自一种旗鱼——枪鱼。

体内都同时具有雌性和雄性生殖器官，但通常是两只蜗牛配对进行繁殖。有些物种会朝对方喷射催情剂来刺激交配。受精卵被产在潮湿的地方，以防干燥。一段时间后，体形微小而发育完全的小蜗牛就从里面孵化出来。

　　蛞蝓在花园中经常能够见到，尤其是它们在雨后或傍晚时分出来食用植物的时候。因为没有外壳保护自己免受捕食者的攻击并防止脱水和干化（蒸干水分），所以它们生活在阴暗潮湿的地方。它们的卵有外壳，并产在潮湿的地方，发育完全的小蛞蝓就会从中孵化出来。

◀ 夜晚，一只靠肉足爬行的虎纹螺旋宝贝，正在澳大利亚附近的水域进食。

◀ 图中是三个包裹着狗岩螺网状卵的卵囊，它们是透明的，看起来像烧瓶一样。卵囊通常被成列放置。每个卵囊都包裹着许许多多的卵，但是只有很少的几个能够发育并孵化出来。幼虫以卵囊里其余的卵为食，直到长成发育完全的成虫才从卵囊里出来。

海螺生活在许多地方，从海滨潮湿的礁石到海洋的最深处都有它们的影子。很多海螺长着一个角质的盖（鳃盖），它是一片小小的盖子，用来封住贝壳的开口。虽然海螺在温暖和寒冷的海域都能生存，但在热带海洋里，它们的种类最为丰富，数量也最为可观。珊瑚礁、红树林沼泽、岩石海岸和泥泞的海床等地带，都是成群的芋螺、峨螺、宝贝、涡螺和许多其他腹足类贝壳的家园。它们中有些是肉食动物，并以其他软体动物、珊瑚、海葵、海鞘、海绵、鱼类、蠕虫和腐肉等为食。另外一些则啃食海草，刮食海藻。

大开眼界

致命的注射

当一条小鱼在芋螺的拉力下屈服时，它的末日就来临了。芋螺是肉食性动物，在吞食猎物之前，它们会通过牙齿注射毒液，使猎物昏厥。蠕虫等软体动物同样也在芋螺的捕食之列。有些芋螺还叮咬人类，某些种类甚至能杀死一个人！

▲ 在加利福尼亚附近的海滨，一对镶满珠宝的马蹄螺正在一株巨藻叶片上进食。马蹄螺身体里面通常长着珍珠。

▲ 在隐蔽的岩石海岸，经常可以看到扁平的滨螺在墨角藻等水草上进食。

交配完后，雌海螺会产下很多卵，孵化出微小的幼虫。幼虫用数天或数月时间四处游动，或者自由漂浮在浮游植物中间，然后才在海床上安顿下来，开始觅食，发育，在贝壳下产卵。

海蛞蝓是没有外壳的海生蜗牛。它们是软体动物大军中鲜艳、奇异而美丽的成员。它们有很多种类，每种都有着极富特色的色彩。海蛞蝓还长着被称为露鳃的肉刺，以及一对或两对触角。它们都是捕食者，食用各种海草、海葵、藻苔虫、藤壶和鱼卵等。海兔也是一种海蛞蝓，有两对触角，身体里有·个小而易碎的壳，它们用颚啃食绿色的海草。

更多的软体动物贝壳

与腹足纲动物有亲缘关系的软体动物中，还有三种水生软体动物有着特色鲜明的贝壳。双壳纲动物长着两瓣贝壳，多板纲动物石鳖长着8片壳，而掘足纲动物象牙贝长得很像象牙。

澳大利亚扇贝
这种海滨双壳类动物的贝壳是黄色、紫色或橙色的。

亮丽的树生牡蛎
这些双壳类动物成簇地附着在红树林的树根上。

象牙贝
象牙贝一度被加拿大的印第安人用作货币和装饰品。

大理石纹石鳖
石鳖的贝壳由8片可以活动的甲片交叠而成。

◀ 海蛞蝓通常都有艳丽的色彩，警告捕食者自己有毒。这只皱皱的腐液蛞蝓正在掠食一根珊瑚枝。

▶ 一些裸鳃亚目动物以海葵为食。它们将猎物的可刺细胞转移并存储到自己的刺须顶端，用来保护自己。这只西班牙披肩海蛞蝓看起来真的太像刺猬了！

◀ 裸鳃亚目动物是色彩最绚丽的海洋软体动物。它们生活在热带海洋的浅水区和珊瑚礁周围。每只海蛞蝓长着一对触角，这是它们最主要的感觉器官。

◀ 这家伙看起来像粉色糖鼠和软糖冰激凌的混合体！它实际上是一只海蛞蝓，只不过色调柔和罢了。一对柠檬黄色的触角长在它身体的一端，肉刺（露鳃）组成的"王冠"长在另外一端，这些露鳃起着鳃的作用。

你知道吗？

看不见我了吧？

海兔是一种海蛞蝓，当它头上的大触角伸展开时，它看起来恰似一只蹲伏着的野兔。与陆地上行动迅速的野兔不同，海兔只能缓慢地移动。一旦受到攻击，它就释放出一团紫红色的"墨水"来模糊捕食者的视线，使捕食者看不见它，然后它就伺机逃跑。这种逃生技能在动物界中是很常见的。

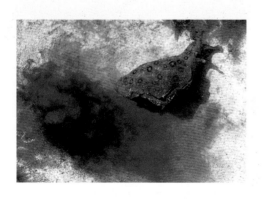

双壳类动物

双壳类动物是非常成功的软体动物，在淡水和海水中都有分布，并且有时数量非常巨大。它们包括蚌类、牡蛎、扇贝、蛤蜊和蛏。双壳类动物的种类没有腹足类动物那么丰富。它们都生长着铰合在一起的、双瓣的壳。它们全部生活在水里，其中很多种类都可以用肉足在沙子或者淤泥里掘洞。它们是滤食性动物，进食时先将水吸进壳里，然后用鳃将水中的氧气吸走，并将微小的食物碎屑过滤出来。

海笋和船蛆略有差异，但它们都会钻洞，它们用自己边缘锋利的贝壳，在木头和软石头里钻出用来保护自己的洞。它们用长长的体管进食和呼吸，这种体管伸到它们半掩在洞穴中的嘴里。

◁ 这个扇贝正在进食，沿着边缘分布的小圆点是它的眼睛。这些眼睛能够觉察出光线的变化，并在危险逼近时对扇贝进行警告。

◁ 一个扇贝通过喷射的反推作用力，迅速避开饥饿的海星的捕食。扇贝的这种推力来自一块收缩肌，它能快速从贝壳里喷出水来。它的贝壳也能提供一些保护，但如果被海星捕获，海星可以将它的贝壳掀开。

小型软体动物

软体动物门中有三个纲的动物体形更小，也较为稀少，分别是单板纲（一类古老的软体动物）、多板纲（代表动物为石鳖）和掘足纲（代表动物为象牙贝）。

单板纲动物长着帽子状的壳和数排鳃，看起来很像帽贝。人们原以为这种生物早已灭绝了，直到1952年，在南北美洲海岸附近的深水里发现了活的单板纲物种。它们可以称为活化石，因为它们的祖先在5亿年以前就已经生活在地球上了。

石鳖又称"邮差外衣贝"，生活在海岸或浅水里。它们的贝壳由8片互相交叠的壳片组成，有力的足使它们能够紧紧抓住岩石，从而经受住猛烈的海浪冲击。它们没有触角和眼睛，用舌头刮食岩石上微小的动植物为生。

象牙贝看起来很像象牙。它们生活在潮水涨不到的沙地下面，用吸管式的触手诱捕食物。

滤食者

双壳类动物是滤食性动物，它们张开自己的两瓣壳进食。很多物种长着一对体管，一根用来吸水，另一根用来排出废水。有些双壳类动物将自己埋在沙里，而蚌类则用坚韧的足丝将自己固定在岩石或者桥墩上。

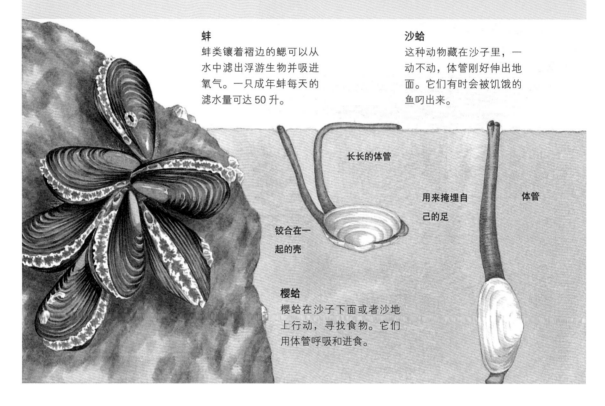

蚌
蚌类镶着褶边的鳃可以从水中滤出浮游生物并吸进氧气。一只成年蚌每天的滤水量可达 50 升。

沙蛤
这种动物藏在沙子里，一动不动，体管刚好伸出地面。它们有时会被饥饿的鱼叼出来。

长长的体管

用来掩埋自己的足

体管

铰合在一起的壳

樱蛤
樱蛤在沙子下面或者沙地上行动，寻找食物。它们用体管呼吸和进食。

细胞

构成动植物的基本单位叫细胞。简单的生命体由一个细胞构成，如细菌；其他生物，如猫和橡树，则有数百万个细胞。细胞尽管微小，却有复杂的组织结构。这些结构共同作用，生物体才能存活。

动植物的所有细胞，都是由一种名叫原生质的物质构成的。原生质又被分为三个主要部分——细胞膜、细胞质和细胞核。每部分都有各自的功能。

细胞膜是包围着细胞的一层薄薄的外层组织，它是半浸透性的。它把一些物质阻挡在细胞之外，而允许另一些物质自由进出于细胞（浸透）。

在细胞膜内，有一种果冻样的物质，这就是细胞质。它的路径网络跟迷宫一样，这叫作内质网。通过内质网，物质能在细胞内四处移动。这些内质网将细胞器官连接在一起，执行一些重要的功能。

例如，被称为线粒体的细胞器官是细胞的动力发动机，它利用氧气分解养料（如单糖），然后释放出能量。在这个过程（被称为呼吸作用）中，会释放出二氧化碳。核糖体是容纳化学物

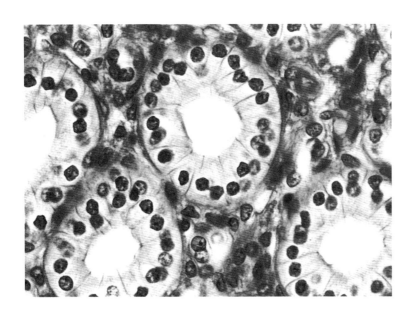

◀ 这是人类的肾脏切片，它被放大了几百倍，展现了构成肾小管（肾单位）的细胞环。在肾小管中，代谢产物从血液中被过滤出来，形成尿液。在所有生物中，除了最原始的生物，细胞都是高度专业化地执行特定任务。

质核糖核酸（RNA）的细胞器官，它帮助从氨基酸中制造出蛋白质。其他细胞器官也都具有不同的功能，如贮藏。细胞器官都被它们自己的膜环绕着。

控制中心

细胞核是细胞的控制中心。它含有DNA（脱氧核糖核酸）组成的遗传基因。基因指示着细胞的生长和活动。基因是沿着被称作染色体的线状结构排列的。每一个生命体都拥有自己独特的基因序列和染色体。

制糖工厂

和动物不同，植物通过来自太阳的能量，将二氧化碳和水转化成糖，制造出它们自己所需的养料。这个过程被称为光合作用。在这个过程中会释放出氧气。为了吸收阳光，植物细胞需要绿色的色素——叶绿素，它位于叶绿体中。

植物细胞外有一层坚硬的纤维素细胞壁，它能保持植物的坚韧和挺直。这些细胞也含有几个大的、持久的、充满液体的囊（液泡）。动物细胞也可能有液泡，但它们是小的、临时的储藏单位。

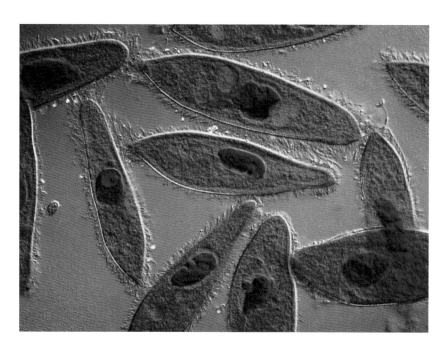

◀ 在所有生命体中，最简单和最原始的生命只由一个细胞构成（单细胞体）。那些微型动物，如草履虫，生活在水中。它们通过来回摆动身边外部的边纹（纤毛）移动。图中这些细胞都被染色，所以很容易观察到它们的中央核。

分裂工厂

许多细胞通过细胞分裂产生自己的复制品。细胞核中的染色体分裂成两个，并移动到细胞的两端。然后，细胞分裂，新的细胞膜在中间形成，便产生了两个同样的细胞。这个过程可以被重复数百万次。

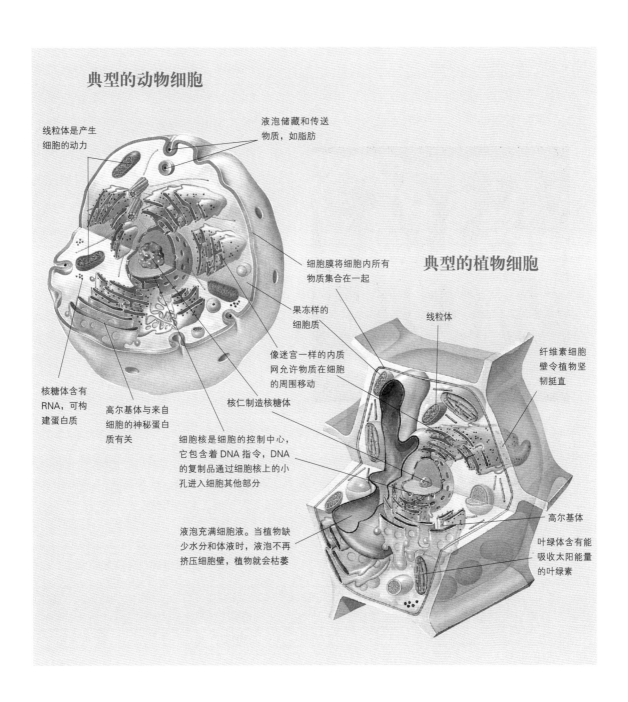

典型的动物细胞

线粒体是产生细胞的动力

液泡储藏和传送物质，如脂肪

细胞膜将细胞内所有物质集合在一起

典型的植物细胞

线粒体

纤维素细胞壁令植物坚韧挺直

果冻样的细胞质

像迷宫一样的内质网允许物质在细胞的周围移动

核仁制造核糖体

核糖体含有RNA，可构建蛋白质

高尔基体与来自细胞的神秘蛋白质有关

细胞核是细胞的控制中心，它包含着DNA指令，DNA的复制品通过细胞核上的小孔进入细胞其他部分

高尔基体

叶绿体含有能吸收太阳能量的叶绿素

液泡充满细胞液。当植物缺少水分和体液时，液泡不再挤压细胞壁，植物就会枯萎

大开眼界

电子显微照片

通过对电子显微镜生成的图像进行扫描、加工，科学家们能够制造出像这片被切成一半的萝卜叶子一样令人惊异的彩色三维图画。在图片的顶部和底部，有保护性外皮细胞（表皮层）构成的水平线。这片叶子的内部含有叶绿体细胞，它在吸收光能的过程中起着重要作用。下层的表皮含有特殊孔洞（气孔），并被警卫细胞包围着。这些孔洞允许空气（实质上是二氧化碳和氧气）和湿气出入于叶子。

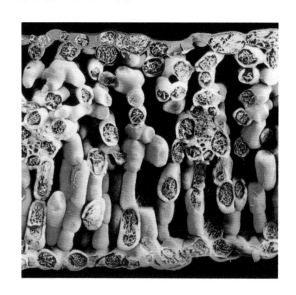

特殊功能

所有生物，除了最简单的生命体，都是许多不同类型的细胞的聚集物。每一类型的细胞都有自己的工作——它们都是很专业的。同一类型的细胞群被称为组织。在高度进化的植物中，木质部细胞长而宽，有厚厚的、坚硬的细胞壁。它们能够连成管道，从根部把水分输送到叶片。韧皮部细胞组成的管道将糖分输送到植物的各个部分。软组织细胞专门实行光合作用和储藏功能。

高度进化的动物有能够携带氧气的红细胞和能够战胜疾病的白细胞。内分泌细胞制造荷尔蒙（这是一种化学信使），它可以随血液四处流动，同时神经元（神经细胞）则产生电信号。动植物为了有性繁殖，也会生产性细胞（接合体）——雌性是卵泡（卵），雄性是精液或花粉。

基因和遗传

我们都知道，猫会生出小猫，而不是小狗；橡树的种子能够长成巨大的橡树，而不是垂柳。但为什么会这样呢？为什么白色的绵羊偶尔也会生出黑色的小羊？答案在于基因。有一些规律在支配着它们。

通过遗传，生物的特征才能代代相续。这一切之所以会发生，是因为在每一个细胞核中都有蓝本，它们会告诉生物如何生长、如何发育，并决定着生物的种类、结构和性别。

这个蓝本是在染色体中被发现的，染色体是由长链DNA（脱氧核糖核酸）分子和蛋白质构成的。有的植物只有几条染色体，但很多动物却有许多条染色体。每一条染色体都可以被分成一些DNA片段，它们被称为基因。这些基因正是遗传的关键所在。

每个基因都负责一项特殊的工作。例如，有一些基因独立作用，或者与其他基因共同作用，决定花朵的颜色，或者动物身上的毛的长度。有的基因负责制造蛋白质，有的基因负责生产荷尔蒙。总的来说，它们控制着生物的结构与体系的发展。

有的生物在繁殖的时候，会把自己的基因蓝本毫无改变地传给下一代。在植物中，这被称为无性繁殖；在动物中，比如蚜虫，这被称为单性生殖。它们的后代都是与母体一模一样的遗传复制品（或者被称为克隆）。如果所有生物都以这样的方式繁殖，那么，每一代都会和前代一模一样。只有当疾病或者外界的辐射

▲ 雌性蚜虫不需要与雄性交配就能生育（单性生殖），通过这种方式生育出来的雌性蚜虫与母体完全是一模一样的。但是在有的时候，蚜虫也会通过有性繁殖生育出雄性后代。

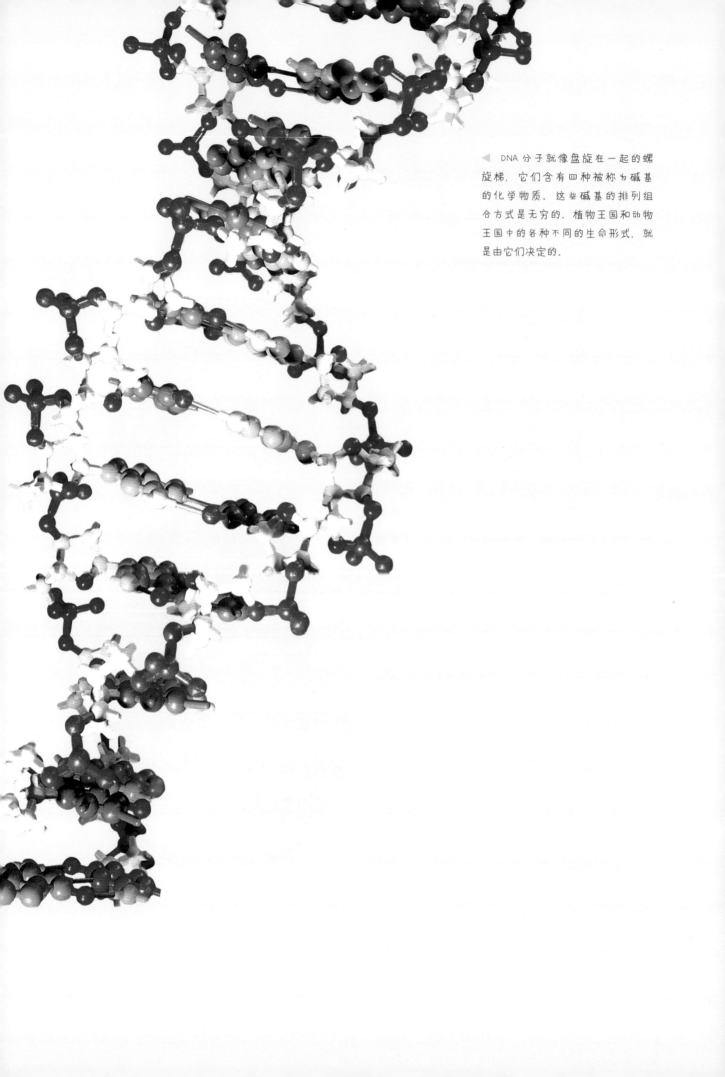

◄ DNA 分子就像盘旋在一起的螺旋梯，它们含有四种被称为碱基的化学物质。这些碱基的排列组合方式是无穷的。植物王国和动物王国中的各种不同的生命形式，就是由它们决定的。

引起了基因突变，它们才可能会改变。

在植物和动物中存在着的广泛的差异性，取决于有性繁殖。有性繁殖是指植物或动物的雄性细胞（花粉和精子），分别使它们的雌性细胞（卵）受精，于是，来自雄性父体和雌性母体的基因就会结合在一起。后代以一种特殊的方式，将父体与母体的基因混合在一起，同时继承双亲的特征。

选择性繁殖

人类在几千年前就已经开始采用选择性繁殖。把一些具有优势特征的品种选出来杂交，将双方的基因结合在一起，从而使后代继承下来，通过这种方式来改善植物和动物的品种。

例如在很久以前，园丁们对不同的开花植物进行杂交，从而培育出更具有观赏价值的开花植物。农夫们把能够抗病毒的小麦品种与高产的小麦品种进行杂交，它们的后代不但更"健康"，而且也高产。

然而，像这样的繁殖项目，有时也会制造出一些令人意想不到的结果，因为人们有时候并不理解遗传的法则。例如有的人认为，如果把一种红花和一种白花进行杂交，会生出一种粉色的花。但结果通常不是这样。相反，杂交出来的花朵，可能是红色的，也可能是白色的。一般来说，杂交后的第一代都是红色的花，第二代才会有白色的花。

◀ 选择性繁殖就是让具有某种特殊基因的动物进行交配。人们利用选择性繁殖，培育出了数百种狗，如小猫狗、猎狼犬。

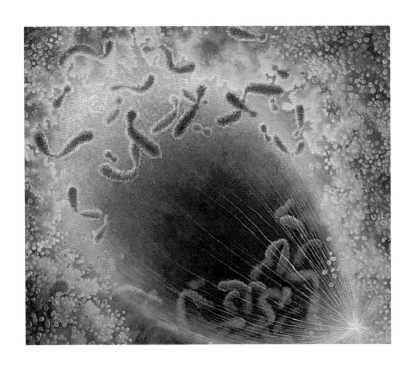

在有丝分裂中，当一个细胞分裂成两个，制造出一模一样的子细胞时，能看见染色体。

大开眼界

怪异的基因

暹罗猫身上毛的颜色是由温度控制的，因为它们的色素基因（也称喜马拉雅变异）只有在气温凉爽时才发生作用。它们的耳朵、鼻子和尾巴（身体最冷的部位）都是深色的，而其他部位则是白色的。所以，如果暹罗猫一直待在寒冷的环境中，它们全身就会变成黑色。有时候，在一些兔子和豚鼠的身上，也能见到这种基因变异。

麦子也是一种奇怪的植物。它是由两种不同的野草杂交而来的，成为一种能够产生很多富含淀粉的种子的植物。在远古时期，人类种植麦子当食物。后来，这些早期的麦子品种继续与其他野草杂交，不断得到改良和提高。

孟德尔法则

孟德尔（1822—1884 年）找到了问题的答案。这位奥地利的修道士对不同种类的豌豆进行杂交，并记录下了结果。首先，他用高大的品种和矮小的品种进行杂交，发现生长出来的豌豆植物都很高大。然后，他用两种杂交出来的品种进行杂交，发现大多数植株都比较高大，只有少数植株矮小，它们的比率是 3：1。然后，他又对植物的其他特征进行实验，得出了相似的结果。

于是，孟德尔得出了这样一个结论：决定豌豆长势高矮的因素，同时遗传自两株杂交的品种。他还推断出，决定豌豆长势高的因素是显性因素，决定豌豆长势矮的因素是隐性因素（很容易被抑制）。

如果父体植株和母体植株遗传下来的都是长势高的特征，或者一方遗传下来的长势高，另一方遗传下来的长势矮，那么它们的后代必然长势高大。但是，如果父体植株和母体植株遗传下来的特征都是长势矮，那么它们的后代必然长势矮小。他发现的这条遗传的基本规律，被称为孟德尔法则。

孟德尔很幸运，因为他研究的是豌豆。今天，人们已经知道，豌豆的高矮是由单对基因控制的——单因素遗传。如果他研究的植物的高矮是由组合基因控制的，那么，他的结论就不会如此清晰。不过，孟德尔法则也适用于双因素遗传。例如如果一种植物的种子是圆形的、黄色的，另一种植物的种子是皱皮的、绿色的，将这两种植物杂交，它们的第二代的种子将会出现四种不同的组合方式：圆形／黄色、圆形／绿色、皱皮／黄色、皱皮／绿色，其概率是 9 ∶ 3 ∶ 3 ∶ 1。

单因素遗传

在这个图表中，假设猫的颜色是由一种显性基因或隐性基因决定的。在这里，孟德尔法则预言，在第三代猫中，黑猫与白猫的概率将是 3 ∶ 1。

一只自然繁殖出来、有着显性基因（黑毛）的猫，与一只同样也是自然繁殖出来、有着隐性基因（白毛）的猫进行杂交。

黑猫　　白猫

黑猫

所有的第二代都是黑猫。但是，在这些黑猫中，都有显性和隐性（黑与白）的混合基因。当这一代猫被再次杂交，生育出来的猫，将有1/4的个体是纯粹的黑猫，1/2的个体是混合型基因的黑猫，还有1/4的个体是纯粹的白猫。

黑猫　　黑猫　　　　黑猫　　白猫

细胞分裂

今天，我们知道，孟德尔法则中的"因素"就是指基因。科学家们曾经研究过活的细胞，他们发现，基因会代代遗传。在一种生物中，几乎所有的细胞都含有同样的染色体。它们来自单个受精的细胞。这个受精细胞会分裂，不断复制自己（基因就形成了），最后制造出完整的生物。这种细胞复制被称为有丝分裂。

但是，性细胞（接合体）是由不同的细胞通过分裂制造出来的，这被称为减数分裂。在减数分裂中，性细胞分裂比起母体细胞中的染色体，数量会减少一半。这被称为单倍数。当雄性

这只动物是白化变种（患有白化病）。白化变种的动物缺乏黑色素，所以眼睛看起来是粉红色的，因为能够看见血管。它们的毛是白色的。白化病是由隐性基因（由双亲遗传而来）引起的。

减数分裂

性细胞（接合体）是通过细胞的减数分裂制造出来的。减数分裂的结果是，染色体的数量将减少一半。

成对组合
染色体可以被染色，所以它们能够被看见，还能成对组合在一起（一条染色体来自母体，一条染色体来自父体）。

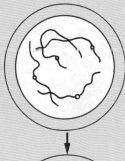

交叉
每条染色体会变成两条，并互相交叉，同时，基因物质被交换。

排列
染色体沿着细胞的赤道面排列，像纺锤线一样。

四个细胞
这四部分都变成了独立的细胞，但每个细胞中的染色体都只有母体细胞中的一半。

倍数分裂
每两条染色体分裂，产生四条染色体。

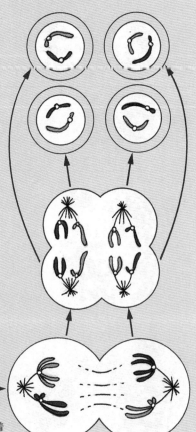

细胞分裂
染色体分开，各自朝着相反的极点运动，一个细胞分裂成两个。

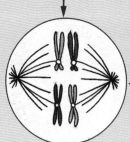

基因交换

　　这个图表中，有一只猫是自然繁殖而来的，另一只猫是杂交的。在没有基因交换的情况下，这些猫的后代，要么是毛很短的白猫，要么是毛很长的黑猫。因为这些特征（A/B 或者 a/b）的基因，都存在于同一条染色体中。在减数分裂中，当每条染色体成倍复制，并发生基因交换时，这些特征就有可能被重新组合。

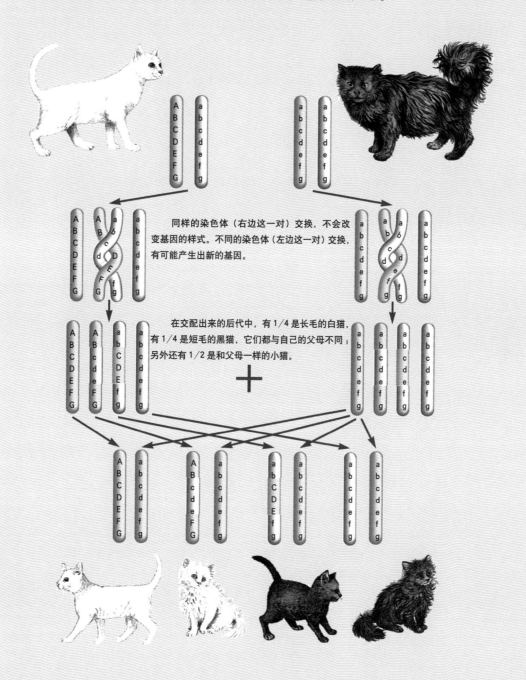

同样的染色体（右边这一对）交换，不会改变基因的样式。不同的染色体（左边这一对）交换，有可能产生出新的基因。

在交配出来的后代中，有 1/4 是长毛的白猫，有 1/4 是短毛的黑猫，它们都与自己的父母不同；另外还有 1/2 是和父母一样的小猫。

性染色体

大多数染色体都出现在配对的时候，但是性染色体不一样。雌性细胞有两条 X 染色体，含有能够产生雌性特征的基因。雄性细胞只有一条 X 染色体，另外一条是 Y 染色体，Y 染色体含有能够产生雄性特征的基因。

在减数分裂时，雄性的性细胞，要么含有 X 染色体，要么含有 Y 染色体。如果雄性遗传下去的是 X 染色体，那么后代就是雌性。但是，如果雄性遗传下去的是 Y 染色体，那么后代就是雄性。

与雄性和雌性的性器官基因一样，性染色体也含有次要性别特征的基因，比如鸟儿色彩鲜艳的羽毛。

雌性在选择自己的交配对象时，会优先选择那些能把雄性特征遗传给下一代的雄性，而忽略那些性别特征不太吸引人的雄性。

你知道吗？

豌豆的染色体

在细胞核的染色体数量与生物的复杂性之间，并没有简单的关联。例如孟德尔的豌豆有七条染色体，人类有 46 条染色体，寄生蟹有 254 条染色体，而有的蕨类植物则多达 500 多条染色体。

和雌性的接合体融合在一起受精，导致胚胎拥有完全的染色体时，这是二倍数。

如果基因总是停留在染色体中的同一个地方，那么，后代继承下来的就是同样的特征。实际上，在减数分裂中，基因总是不断移动。首先，来自母体细胞中的每一条染色体会与来自父体细胞中的染色体配对。然后，每条染色体进行复制，并在一个特定的交叉点上结合，同时，一些基因物质彼此粘连在一起。最后，染色体分开，在这个过程中，一些基因相互之间完成交换。

染色体之间的基因交换，以及来自父体细胞和母体细胞的染色体的结合，会产生新的基因排列方式，于是，每一个后代都是不同的。这个过程对于物种的繁衍很重要，因为它允许将来的后代能够发展出新特征，从而适应不断变化的世界。

生命王国

地球上的生物千姿百态，但归根结底都是由为数不多的几大基本物种演变而来。任何一种地球生命，都可以被归入这五类生物界中最基本的物种。

人是生命，鲸、蚊子、橡树、蛾子也同样是生命。如果你的食物变质了，那是由另一种形式的生命——细菌引起的。因此，生命既可以是巨大的，也可以是中等程度的，甚至还可以小到只能在显微镜下才能看见。生命无处不在，它们以多种多样的方式生存着。

撇开生物的多样性不谈，单是三种共性，就足以使它们与非生物（如石头、水、空气）区分开来。生物能够生长——无论是部分还是整体；生物能够繁殖——它们会孕育出与自身类似的新生命；生物还能对所处环境产生反应——如显微镜下的单细胞阿米巴变形虫，它们在生活的水域中，会远离那些令它们不舒适的化学物质，靠气味接近那些或许是美食的物质；植物会开花和落叶，那是它们对气候产生了反应；哺乳动物的行为就更复杂了，例如它们可以相互交流。

◄ 在非洲的一个水塘边上，笨拙的大象、优雅的羚羊和一群口渴的鸟一起饮水。尽管它们在外表上没有丝毫相似之处，但它们都是动物界中的成员。虽然水边的树木彼此也没有共同之处，但是它们都属于植物界。

动物界

　　这个动物界的分类图把动物分成了两个主要种类——有脊梁的动物（脊椎动物）和没有脊梁的动物（无脊椎动物）。让我们来看看它们是怎么被分类并被归类到更小范围的科目中去的。

节肢动物

蜘蛛类节肢动物

蜘蛛　盲蜘蛛　蝎子　骆驼蜘蛛
拟蝎　扁虱　鞭蝎　螨虫

软体动物

蛞蝓　章鱼　蜗牛　鱿鱼
贻贝　牡蛎

腔肠动物

珊瑚虫　水母
海葵　水螅虫

多足动物

蜈蚣
千足虫

昆虫

苍蝇　甲虫　蚂蚁
蜜蜂　蝴蝶　白蚁
跳蚤　虱子

线形动物

蛔虫　蛲虫

扁形动物

绦虫　扁形虫　吸虫

环节动物

蚯蚓　沙蠋　水蛭

甲壳动物

龙虾　藤壶　螃蟹
木虱　小虾　磷虾

棘皮类动物

海参　海土豆　海星
海蛇尾　海胆　海百合

海绵

普通海绵　玻璃海绵

无颌鱼

七鳃鳗　八目鳗类鱼

动物界

生命王国

无脊椎动物　脊椎动物

软骨鱼

鲨鱼　鳐鱼

食肉动物
猫　狗　浣熊
熊　黄鼠狼

食虫兽
駒鼱　马岛猬　鼠猬　蝙蝠
刺猬　鼹鼠　食蚁动物

小型食草动物
兔　野兔　海狸
松鼠　鼠兔　老鼠　豪猪

海洋哺乳动物
鲸　海象　海牛　海豚
海豹　鼠海豚　海狮

大型食草动物
猪　鹿　骆驼　大象
长颈鹿　马　羚羊　牛

灵长类
人类　狒狒　狐猴
大猩猩　长臂猿　黑猩猩

单孔类动物
鸭嘴兽
单孔目哺乳动物

有胎盘哺乳动物

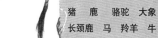

有袋动物
袋鼠　袋熊
树袋熊　负鼠
袋食蚁兽

硬骨鱼
鲟鱼　鳕鱼　鲱　鲤鱼
河鲈　鲑鱼　鳗鲡
长嘴硬鳞鱼

鸟
啄木鸟　鹦鹉　企鹅　杜鹃
鸵鸟　猫头鹰　鸽子　苍鹭

哺乳动物

两栖动物
青蛙　火蜥蜴　蟾蜍
蝾螈　蚓螈

爬行动物
蛇　水龟　海龟　陆地龟
鳄鱼　美洲鳄　蜥蜴　大蜥蜴

在生物界中，有许许多多形状大小各异的生物体。根据彼此之间的相似程度，它们又可以被划归到更小的种群之中去。

在动物中，狗、猩猩、母鸡看上去完全不一样。但是它们都有脊椎骨，所以它们都被归属于脊椎类（亚门），即脊椎动物。

根据它们的相似处，在较大群体中的动物还可以被划分到更小的种群中去。例如，狗和猩猩的相似度，比狗和母鸡之间的相似度更高，因为小狗和小猩猩都是胎生的，雌狗和雌猩猩都用自己的乳汁哺育下一代。而母鸡只能通过下蛋来哺育后代。因此，狗和猩猩都属于脊椎动物中的哺乳动物；鸡是有羽翅的脊椎动物，属于脊椎动物中的"鸟纲"（鸟类）。

事实上，大猩猩和人类一样，可以依靠双腿垂直站立，这一特点又把它们都归入了哺乳动

五种生物界

大多数生物学家都同意将生物归为五类。在每一类中包括了那些具有相同的身体结构以及相同的生活方式的生物。

■ 原生生物是指细胞里只有一个细胞核的单细胞有机物，包括：阿米巴变形虫，硅藻和眼虫藻。

■ 原核生物是细胞里不含细胞核的单细胞有机物，包括：细菌和藻青菌。

■ 菌类是多细胞生物。它们靠孢子繁殖，并直接从其他生命体中摄取食物。磨菇，伞菌和霉都属于这一类。

■ 植物是复杂的有机物。它们的叶绿素（一种绿色素）可以利用太阳光进行光合作用，从空气、水分和土壤中汲取营养，来制造自己的食物。

■ 动物是更复杂的有机物。它们摄取（吞吃）食物，大多数可以进行充分的运动。

■ 地衣是菌类和藻类合成的个体，这一类生物既可以归入植物类，也可以归入真菌类。

■ 病毒通常会引起人类的疾病，如感冒。病毒只能在其他生命体的细胞中生存和繁殖。它们是介于生命体和非生命体边界上的简单有机物。

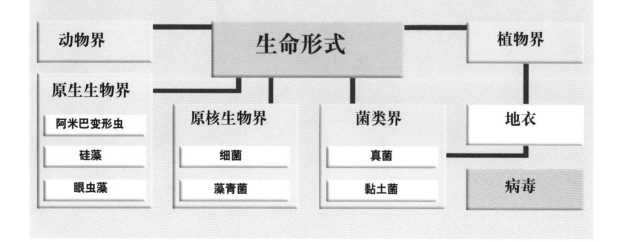

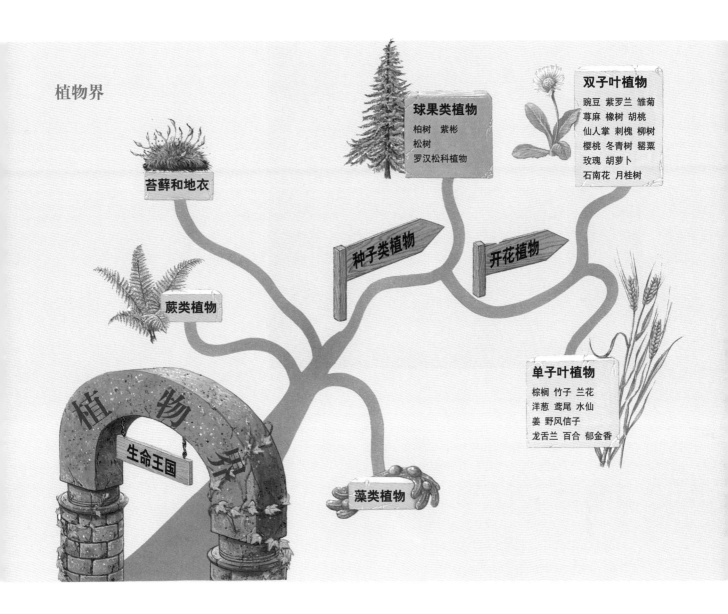

植物界

苔藓和地衣

蕨类植物

球果类植物
柏树　紫彬
松树
罗汉松科植物

双子叶植物
豌豆　紫罗兰　雏菊
荨麻　橡树　胡桃
仙人掌　刺槐　柳树
樱桃　冬青树　罂粟
玫瑰　胡萝卜
石南花　月桂树

种子类植物

开花植物

生命王国

藻类植物

单子叶植物
棕榈　竹子　兰花
洋葱　鸢尾　水仙
姜　野风信子
龙舌兰　百合　郁金香

▶ 一株多刺的巨人柱（一种仙人掌）巍然屹立在美国新墨西哥的沙漠中。它之所以被归为仙人掌科，是因为它们身上的刺（树叶）能够适应特殊的沙漠环境。

不要被它的外表迷惑，这条柔软的珊瑚虫看上去虽然像美丽的羽状植物，但事实上它却是一种动物（腔肠动物）。

你知道吗？

古怪的名字

有一些生物的名字让人摸不着头脑。海土豆和海黄瓜听上去像某种绿色蔬菜的名字，但它们却是两种海洋动物（棘皮动物）。信不信由你，森林小鸡其实是一种长在树上的菌类，"破布知更鸟"并不是一种邋里邋遢的小鸟，而是一种植物的名字。

物中的"灵长目"（灵长类动物）。

狗和它的亲缘动物，可以被划归到"食肉目"（食肉类动物）下的犬科动物。狼和狐狸也是犬科动物。但是人类的宠物狗却又可以被划分成更小的不同种类（属），如我们熟悉的家犬，各种牧羊犬、狼犬等，它们在犬科类动物中又同属于一个"种"。

生命的起源

地球上的生命大概开始于35亿年以前。那个时候，地球这颗行星已经存在了10多亿年了，而且十分荒凉。但是，这个险恶的环境仍然孕育了最早的令人激动的生命。

在地球形成之初，地球上的环境是狂暴而混乱的——喷吐着的、嘶嘶作响的火山，无情的闪电和倾盆大雨；热力十足的太阳光炙烤着被浅浅的咸水覆盖的地表；阳光非常强烈，因为当时还没有形成过滤太阳光中紫外线的臭氧层。

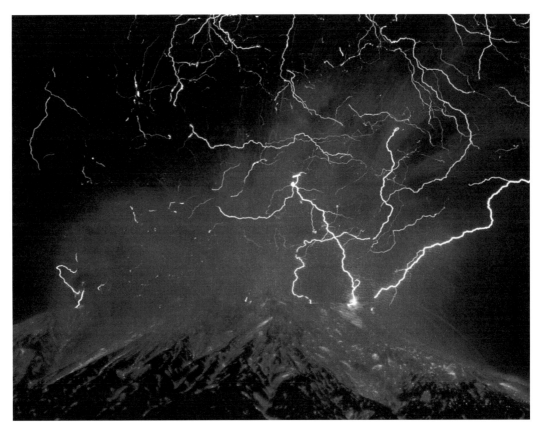

▲ 火山云里放出的静电。正是像这样的强大能量触发了化学反应，导致了最初的生命形成。

火山喷出的气体构成了大气，其主要成分为：水蒸气、氢气、氮气、二氧化碳和一氧化碳。最初的大气冷却后，氢气和二氧化碳及一氧化碳发生化学反应产生了甲烷；氢气和氮气反应又产生了氨气，这两种气体都是有毒气体。而当时大气中几乎没有氧气。

建立生命的基石

大气中的水蒸气凝聚成雨水落下，海洋就形成了，就是在这里，产生了生命的第一朵火花。

大气中多种气体的混合达到了一种有效的程度后，这些气体溶入海洋，在海水里酝酿了一些自然反应，这是产生有机分子（含碳的分子，如氨基酸）所必需的，而氨基酸是构筑生命的基石。

大量的水和大气中非常少的氧气，是这些反应发生的必需条件；再加上来自闪电的电流、火山喷发产生的静电，以及太阳产生的紫外线这些能量，最终导致了这些反应的发生。

又经过了很多万年，在强烈的紫外线的照射下，反应不断进行，有机分子在全球的海洋里不断沉积。一种充满了构造生命原料的"汤液"形成了—它被称作"原生液体"。

最初的生命形式

当一些有机分子连接形成链时，生命真正地开始了。这些分子链包括像蛋白质和脱氧核糖

▲ 这些粉红色的海绵是一种原始动物，它们是地球上最早的多细胞生物中的一员，跟远古时期比起来，今天的海绵小得多了。

在实验室里创造生命

20 世纪 50 年代早期，芝加哥大学的生物化学家斯坦利·米勒进行了一项实验。在实验室里，他再现了已经有了黑夜和白昼的早期地球环境。他的实验结果显示，混合的气体、水、紫外线辐射和电流可以制造出像氨基酸一样的新的有机化合物。

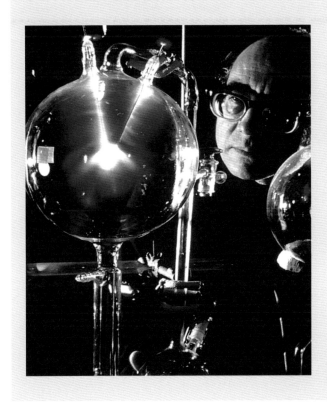

◀ 科学家斯坦利·米勒在观察这个"微型地球"。这个仪器有一个经过净化的、没有生物的水的"海洋"，放置于氢气、甲烷和氨气构成的大气环境下，并用特殊的电极来产生电，模仿空中的闪电。

核酸（DNA）这样的重要分子，它们通过再生制造自己的副本。一些有机分子联合组成了简单的细胞，这些细胞分裂成两个，并把遗传信息传递给新生成的细胞。

最早的生命形式是像细菌一样的单细胞生物体，是一些被叫作"原生生物"的简单细胞。它们以原生液体中的有机分子为食，但到 34 亿年以前，食物供给开始减少，许多早期的微生物也许就此灭绝了。

然而，一些细菌（绿色的硫黄细菌）幸存了

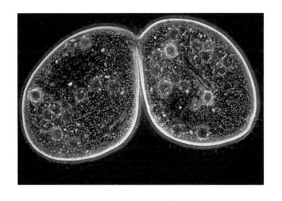

▲ 一个正在繁殖的细胞分裂成两个一模一样的子细胞。早期的细菌和藻青菌就是通过这样的分裂方式自我繁殖的。

▶ 成串的藻青菌是最原始的生物体之一。白垩柱状物叫作"叠层"，是远古藻青菌的化石遗迹。这里看到的是澳大利亚鲨鱼湾的叠层石。

生命是如何开始的

数十亿年以前，火山气体、灼热的阳光和雷暴触发了地球上温暖的海洋中的化学反应，海洋中出现了简单的有机分子。然后，大概 35 亿年以前，更多的复杂分子开始连接起来，组成了最早的细胞。沿着这条时间线，我们来看看接下来发生了什么——从距今数十亿年之前开始。

生命起源
最初的生物体是简单细胞，随后出现了复杂一些的、有一个细胞核的单细胞生物体。

有核细胞

有机分子

简单细胞

下来。这种细菌找到了一种吸收太阳能、并利用硫化氢把无机分子（不含碳的分子）复合成有机化合物当作食物的方法，这个过程叫作光合作用。

　　在硫黄细菌之后登场的是藻青菌——生命演化的舞台上真正的明星。藻青菌是约25亿年前地球上最繁盛的生命组织。它们能用大量存在的自然材料：水、二氧化碳和光能来为自己制造食物。但更重要的是，藻青菌会释放出氧气——食物生产所产生的废物。在数百万年里，藻青菌使大气中的氧气含量增加到了21%，也就是现在的氧气含量水平。

人类

早期的人类
最早的鸟类飞向了天空，被子植物也已开花结果，人类出现了。

始祖鸟

1.75 亿年前

大家伙
这时，进化出了一大群动物和植物，有一些到今天仍然存在，而恐龙已经灭绝了。

恐龙

2 亿年前

陆地的召唤
在水下，生命的形式非常繁荣。通过两性繁殖，它们的数量和品种不断增加。终于，一种原始的两栖类动物爬上了陆地。

陆生动物

3.6 亿年前

各种各样的生物
随着气候和地质结构的改变，海洋中出现了更高形式的生命。无颌鱼是一种最早的有脊椎骨的生物，有颌的鱼类晚些时候才出现。

有颌鱼

4 亿年前

海绵体

6 亿年前

细胞丰富
大约6亿年以前，细胞分裂形成了新的、不止一个细胞的生物体，从那时起，无数的多细胞生物开始充满了海洋。

15 亿年前

你知道吗？

生命的源泉

　　在太平洋海床的深沟里，陌生的生物生活在地壳的裂缝周围。数以百万的细菌以那些喷涌的、夹带着矿物和硫化氢气体的热水为生—这种水非常类似于原生液体，它们会被小动物们吃掉，有一些还会被螃蟹、鳗鲡和其他掠食者吃掉。

藻青菌在岩石里留下了生动的化石遗迹——名为"叠层"的巨大的白垩柱状物。这些是地球上最早的生命的记录。

在富氧环境里，进化出了新的生物，其中的一些以藻青菌为食，这使得这些原始生物的数量开始减少。然而，藻青菌还是在一些地方幸存到了今天，现在它们在水里自由自在地生活着，或者和真菌、藻类、蕨类、苔藓、海绵，还有小虾做伴。甚至，藻青菌也生长在树懒的皮毛里，给树懒带来了一层绿色的伪装。

呼吸新鲜空气

氧气改变了生命形式的平衡，一些生物无法适应这种新气体，灭绝了；还有一些在无氧地区幸存了下来；而其他的生物则学会了利用氧气。通过利用氧气，生物可以从食物中获取更多的能量。

大概 15 亿年以前，新的单细胞生物开始出现。这些是早期的原生生物。原生生物是最早的有复杂的真核细胞的生物体。这种细胞有一个含有染色体的中央核——染色体里含有 DNA，在细胞分裂中起着重大作用。

简单的真核细胞能进行两性繁殖。它们的繁殖不是靠一个细胞极快地自我复制，而是一个细胞的染色体和其他细胞的染色体复合，产生出一个新的细胞，新细胞继承了两个双亲的生理特征。

有性繁殖的飓风导致了不同种类的简单生物的大量增加。终于，大概在 6 亿年以前，多于一个细胞的新生物出现了。

最早的多细胞生物也许就是像海绵一样的原始动物。几百万年间，大多数无脊椎动物（没有脊椎骨的动物）的主要群体已经出现。无颌鱼是最早的脊椎动物（有脊椎骨的动物），它是其他所有鱼类的祖先。最后，陆生植物和动物进化出来，如种子植物、两栖动物、爬行动物、鸟类和哺乳动物。

▲　今天的大气中的臭氧层遮蔽了阳光中大多数有害的紫外线辐射，所以这只海鬣蜥能够安全地晒太阳取暖。但早期的大气层没有臭氧层，灼热的阳光穿透大气，引起化学反应，最初的生命开始形成。

恐龙

恐龙统治了地球一亿六千万年。但是，没有任何征兆，它们就消失了。恐龙是一个大家族，包括很多不同的种群，但科学家们至今还无法确认它们是冷血动物还是温血动物，还有它们是怎么消失的。

最早的恐龙出现在大约 2.1 亿年以前，大约 1.5 亿年以后，最后一批恐龙消失。我们可以从它们的化石（留存在岩石中的遗骸）来认识这种奇异的生物，化石古生物学家小心地收集这些

◁ 中国的这个恐龙骨架是在岩石里发现的，已经有两亿多年的历史了。这只名为禄丰龙的恐龙几乎是直立行走的，它既吃植物也吃动物。

约 2 亿年前，世界看上去大概就是这个样子。看图，请辨认图中不同的恐龙。

1. 摩根兽：小型哺乳动物，生活在三叠纪晚期和侏罗纪早期。
2. 弯龙：植食性恐龙，生活在侏罗纪晚期，属于鸟臀目恐龙，它看上去很像禽龙。
3. 鲸龙：这种植食性恐龙可能生活在水域附近，身长大约 15 米。
4. 踝龙（棱背龙）：这种植食性恐龙是最早的"披甲"恐龙中的一种，它们的皮肤上覆盖着坚硬的骨质甲片，用来保护自己。
5. 细颈龙：这种肉食恐龙和鸡一般大小，以昆虫和小蜥蜴为食。
6. 勒苏维斯龙：剑龙的一种，是一种草食动物，生活在侏罗纪时期。
7. 树蕨类植物：这些史前植物至今仍有一支近亲存活——秒椤，在亚洲的东部可以找到它们。
8. 斑龙：这种大型食肉恐龙的化石，是最早被发现的恐龙化石之一。
9. 苏铁类植物：这种形似手掌的植物大量遍存于侏罗纪时期，其中大约有 185 个种类存活至今。
10. 翼龙：这种会飞的恐龙的化石在所有的大陆上都有所发现，包括南极洲。

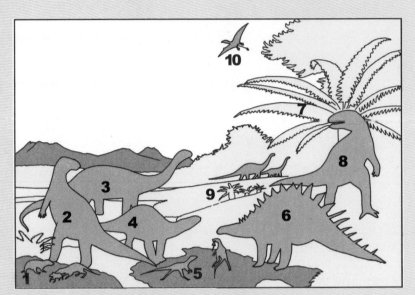

▲ 一位古生物学家正在拼凑一个恐龙蛋化石的外壳碎片。这颗恐龙蛋约 20 厘米高，蛋壳约 2 毫米厚，迄今还没有在恐龙蛋里发现过有恐龙胚胎的遗迹。

▲ 大颌龙头部的化石，发现于南非开普省的卡鲁地区。

易碎的遗骸，以便从中找出恐龙的生活方式，确定它们相互之间的"亲属"关系。科学家们用计算机程序拼接这些碎片，复制出十分逼真的完整骨架。

恐龙的种类

迄今为止，人们已经发现了一千多种恐龙，并已命名。最早的恐龙体形很小，有两条腿，以昆虫和蜥蜴为食，长着长长的尾巴和适合抓握东西的短短的手臂。

后来慢慢地，恐龙进化成了两大主要类型，科学家把它们划分为髋关节类似蜥蜴的（蜥臀目）恐龙和髋关节类似鸟类的（鸟臀目）恐龙。

蜥臀目恐龙有两个亚目。第一种是兽脚亚目（兽足），这是种两脚行走的肉食性恐龙，体形跟鸡差不多大的细颚龙、身长 15 米的可怕的暴龙都属于兽脚亚目恐龙；另一种是蜥脚亚目（爬行动物的脚）恐龙，这种恐龙是植食性的。蜥脚亚目恐龙中有一些长着很长的腿和脖子，比如梁龙和雷龙，也许这是为了方便它们吃树顶的树叶和嫩枝，这和今天的长颈鹿非常像。

鸟臀目恐龙也是植食性恐龙。它们中的一类是鸟脚类（鸟的脚）恐龙，包括禽龙这样的用两条腿走路的恐龙。其他鸟臀目恐龙都是"披甲"的——或者背上长着巨大的骨板，像剑龙；或者脊背上有很多刺，比如新头龙；还有些把角长在头上，比如五角龙。

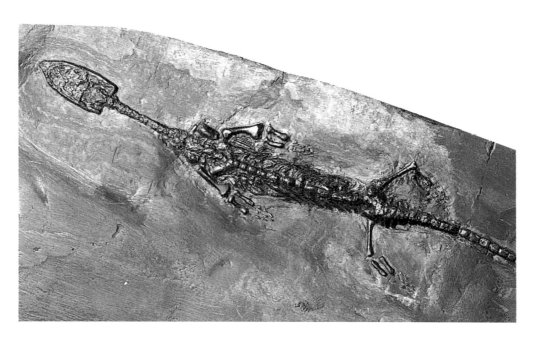

▲ 图中的幻龙是最早的海生爬行动物之一，它身体细长，头部比较短，身长很少超过1米。幻龙仍然保留有部分陆生爬行动物的特征，这种恐龙是在地球的大部分地区被温暖的浅海覆盖时进化出来的。

冷血还是温血动物

科学家们不知道恐龙是温血动物（恒温动物）还是冷血动物（变温动物）。冷血动物，像蜥蜴，必须靠太阳的热量来保持体温；温血动物，比如人类和鸟类，它们消化食物，产生热量，来使身体保持恒温。在温暖的气候条件下，恐龙在白天保持体温不成问题。到了夜里，大型恐龙因为身躯庞大，散热比较慢，所以在晚上仍然可以保持体温；小型恐龙呢，要想保持体温就得不停地活动。

恐龙的末日

没人知道恐龙为什么会消失。我们能确定的只是，它们一直生活到白垩纪末期——6500万年前，然后突然消失了。其实直到那个时候，恐龙在种类上也只是减少了一点点。对我们来说，最主要的问题是，准确地找出恐龙是在多长的时间里消失的——可能是一天，也可能是一百万年。

你知道吗？

《侏罗纪公园》

史蒂夫·斯皮尔伯格 1993 年的经典影片《侏罗纪公园》里，使用了非凡的特技效果，让观众在大银幕上看到了非常逼真的人类与恐龙之间的接触。好莱坞的电影制作者们和古生物学家紧密合作，根据恐龙的各项数据，制作出了科学的、精确的恐龙模型。可是，史蒂夫·斯皮尔伯格想让迅猛龙的高度达到 3 米，已知的迅猛龙可没有这么高。命运送来了一个奇异的转机，影片正拍摄时，古生物学家发现了一种 3 米高的猛禽标本，就是现在所知的犹他龙。

2013 年，该影片转制成 3D 版在全球公映。通过与最新 3D 技术的完美结合，使这部经典的科幻电影再次焕发出全新的生命力。

关于恐龙消失的原因，有两种理论占据主导地位。

一种认为当时的气候发生了变化，到处都变得酷寒。恐龙和其他很多动植物无法适应新的寒冷的气候环境，一段时间以后，它们灭绝了。

另一种理论认为，地球遭到了巨型陨星的撞击。陨星撞到地表时发生了爆炸，巨大的烟尘遮天蔽日，地球进入了一段冰冻时期，到处都是死去的植物和动物，只有那些能够适应寒冷气候的物种才能幸存下来。大约一年以后，存活下来的物种在地球上再度找到了合适的栖居地。

但没人能确定这两种理论哪一个是正确的。

其他人推测，肉食性恐龙可能先是消灭了所有的植食性恐龙，然后又互相攻击，最终自己消灭了自己。还有些人甚至发布理论，说恐龙的消失是外星人的杰作！

最新研究产生了另外一种推测，也许远古时期也曾发生过类似温室效应导致气温上升的事情，这也许是恐龙灭绝的原因。

化石

化石是在地球的远古时期，植物和动物被硬化后的遗留物，它们都被保存在那些坚硬的岩石里。化石能够为我们提供今天早已经不存在了的，几百万年前的迷人的生命形式的重要信息。

"化石"的英文单词 fossil 来源于拉丁词 fossilis，意思是"从地里挖出来的东西"。化石的存在形式多种多样。有时候，化石专家（也被称为古生物学家）会找到一块完整的史前生物的骨骼，比如恐龙，但通常在大多数时候，他们找到的都只是骨头、牙齿，或者外壳的残骸碎片。因此，当古生物学家们在寻找化石的时候，他们必须密切注意，以防遗漏一些重要的发现。

甚至一些生物的生活痕迹也能以化石的形式被保留下来，包括花粉、动物的足迹、动物生活过的洞穴、虫子蜕下的皮、动物的粪便（粪化石）、叶片上的复杂的叶脉，或者史前的鸟类的羽毛。

人们通常认为煤也是一种化石。它确实是那些生活在 3.63 亿年前到 2.9 亿年前的石炭纪时期的像蕨类一样的植物的化石标本。如果你观察一块没有经过处理的煤，你就能发现那些形成原始植物的叶、枝和茎的痕迹。

◀ 搜寻化石需要用心留意一些细节，这些细节能够使得化石从它周围的岩石中区别出来。图中这个人在澳大利亚的南部地区寻找恐龙化石时，不断地清扫掉那些暴露出来的化石上的碎片。

从生命到石头

对生命形式来说，要成为化石，首先必须在生命死后不久，就被一层沉积物覆盖，比如泥、沙，或者黏土。经过岁月的流逝，这一层覆盖物会被挤压、加固，形成一种被称为水成岩的岩石。生命体的柔软部分会腐烂，但是坚硬的部分，比如骨头、壳，或者木头，通常都保留下来了。当有机体的坚硬的部分被慢慢分解时，它们就会被遗留在大自然中的矿床取代，而在原始有机物的石头中制造出一种逼真的复制品。

虽然上百万块化石被发现了，但人们相信它们只是地球上应该存在的化石中的小部分。大

◀ 琥珀是一种像水晶一样的化石，它是从史前的针叶树上渗出的树脂被硬化后形成的。由于这些渗出来的树脂经常会诱捕一些昆虫，所以，昆虫被一并保留了下来，历经了好几百万年。

▲ 煤是石炭纪时期像蕨类一样的植物的化石。如果你仔细观察一块煤，你会在上面发现有一些原始植物的茎和叶的痕迹。

多数化石都被埋在深深的地下，可能从来就没有被人发现过。只有当含有它们的水成岩被地壳深处强大的力量带到地表之后，人们才能发现这些化石——地壳运动制造出了山脉和地球表面各种各样的地貌。一旦含有化石的岩石暴露到自然环境中，来自雨、风、霜等天气的腐蚀，或者来自海水冲击海岸的侵蚀，会最终帮助岩石深处的化石展露出来。

被历史遗漏的一页

大多数的化石都是生活在海洋、河流、湖泊、沙漠中及其周围的有机物的遗留物。在这些地方，动植物死亡后，它们的身体更容易被沉积层保留下来，同时被沉淀，并被压缩到岩石中。例如生活在开阔的平原或者热带雨林中的动物和植物，在它们变成化石前，就会腐烂掉。因此，在化石记录中有着诸多的缺失，我们只能猜测一些生物曾经在某处生存过。

未知的生物

如果沉积层是由非常好的泥、沙组成的，那么，即使身体柔软的生物，也能被作为化石保留下来。将这类动物收藏得最好的地方是伯吉斯页岩化石群，它是查理·都利特·瓦尔科特于1909年在加拿大发现的。这片化石群里包含着140多种动物，它们生活在大约5.3亿年前。

其中有一些动物看上去似乎是今天的一些动物的祖先。例如一种被称为怪诞虫的奇怪的

自我观察

深入地下

任何人都可以去寻找化石，而你所需要的只是一双敏锐的眼睛、一点运气，以及足够的耐心。首先，你应该从老师那里或者图书馆中了解你居住的区域内都有一些什么样的岩石，它们大约产生于什么年代。在当地的博物馆里，可能还会展示出一些标本。海岸是寻找化石的理想之地，因为海浪不断冲刷岩石，会使岩石中新的化石标本展示出来。任何一片与众不同的、形式规律的岩石都可能是化石。如果你找到了一块化石，学校里的自然科学老师也许能告诉你如何鉴定它。

▲ 足迹化石，就像这些被很好地保留下来的恐龙的足印一样，可以为科学家们提供关于这种史前动物的一些重要线索。例如通过研究足印的深度和宽度，专家们可以知道这种动物的重量以及它们的行走速度。

▲ 这种节肢动物大约生活在 5.3 亿年前，它是 1909 年在加拿大发现的伯吉斯页岩化石群中的一部分。

你知道吗？

活化石

　　有一些生物被称为活化石，因为它们历经数百万年，仍然没有多少改变。例如蜻蜓就是一种很古老的会飞的昆虫，它在大约 1.7 亿年前就已经存在了。人们还从化石中了解到了一种腔棘鱼。人们本来以为它们在大约 7000 万年前就灭绝了，可是，1938 年在印度洋上，人们从一张渔网中又发现了它。

　　生物，它有当脚使用的触须，背上有长长的刺脊，人们以为它跟今天的有爪动物门中的动物有着亲缘关系，尽管直到最近，人们才又相信这种生物的进化，早已走到了生命的尽头。但是其他一些动物，像欧巴宾海蝎，它长有 5 只眼睛以及一条长长的、朝前伸的、与身体相连的、用于攻击和掠夺的臂，但是它没有脚，和今天的任何一种动物都不像。

　　这些生物生活在海岸边的海底，它们之所以被保留下来是因为海岸边崩塌的泥石会周期性地将它们扫进深深的海水中，那儿异常寒冷、缺乏氧气，从而阻止它们腐烂。当泥层堆积起来后，在上面的海水压力的挤压下，这些动物会慢慢被压缩，从而在泥中留下一副完美的化石形象。甚至它们的一些腿和触须都还清晰可见。在这些化石中，包括一些史前的生命形式，如三叶虫。它们是今天的甲壳类动物的近亲，在它们灭绝前，已经生存了大约 3.5 亿年。

　　其他一些逐渐为人所知的化石，有螺旋形的菊石，它们的近亲是鹦鹉螺；像标枪一样的乌贼可能是鱿鱼和章鱼的近亲。这些生物在大约 1.5 亿年前都非常普遍。

放射性的时钟

　　除非水成岩由于地下的力量碎裂，否则在这种岩石中是可以发现化石的，因为按照地质地层的顺序，沉积层是最先被保留下来的。判断一块化石的年代，唯一的办法是根据它在岩石层里的位置来计算，这种技术被称为地层学。这种方法并不是很精确，因为地壳的剧变通常会弄乱这些岩石层，甚至完全颠倒。

现在，人们使用了像放射性测年法这样的更加精确的技术。这种方法的原理是：水成岩是最先形成的，它含有自然界里的放射性元素，水成岩一旦形成，这些元素就会开始衰变，并慢慢将自己变成不同的物质。例如，铀元素会慢慢变成铀－铅。这个过程需要好几百万年的时间，它是以一种非常规律的速率发生的。通过测量现存岩石中的铀和铀－铅的含量，科学家们可以推算出某一块岩石的确定年龄，自然也就可以推测出里面的化石年龄了。

化石锯

一旦化石被发现，古生物学家们就必须非常小心地把化石周围的岩石削去，让化石完全展露出来，或者有时利用特殊的化学技术。化石先被涂上一层青漆，使它变硬，然后再将它们涂上一层石膏，这样在它们被运到博物馆之前能够很好地保护它们。例如，在处理恐龙骨骼的时候，专家们必须知道如何把这些化石碎片拼凑在一起——这通常是一项艰难的任务，因为许多重要化石都被遗失了。

▲ 三叶虫是一种早已灭绝了的节肢动物，它的化石可以在世界上任何一个地方找到。显著的轮廓线和壳上的脊纹，使得它们很容易被辨认出来。

▲ 这种像鸟一样的爬行动物的化石暗示着这种动物在真实生活中可能是什么样子。通过对骨骼和羽毛的研究表明，这种似鸟动物不能飞，但是它能够爬树，并能够从树上滑到地上。

▲ 被保留得很好的化石，就像这条史前的鱼，现在仍然能够看到清晰的鳞片以及大大的骨状头。在国际上的化石交易中，它可以卖到一个很好的价钱。

你知道吗？

最古老的化石

最古老的化石是在澳大利亚西部地区发现的，它是距今约有 35 亿年历史的碳斑化石。

被变成化石的虫洞是在砂岩中被发现的，距今约 8 亿年。

最早的哺乳动物化石是在莱索托被发现的，估计已有 1.9 亿年的历史了。

最早的猿化石是在缅甸被发现的，它距今大约有 4000 万年了。

神秘的发现

在挖掘道路、建筑物的时候，或者当山脉被风雨侵蚀后，或者当海岸被海水侵蚀后，先前未知的物种的化石仍然会被有规律地发现。人们以前从来没有看到过的长达4米的鱼龙化石，由于1990年的一场风暴，在英格兰的萨默塞特郡的悬崖上被冲刷了出来。

所以，当你外出时，要留心观察那些看似非同寻常的岩石或石头，说不定你也能发现一块科学家们还从不知道它存在过的生物的化石呢！

▶ 像图中的这种史前的、如同螺旋形状的菊石化石，通常能够在海岸边找到。图中的这块化石是在英国的海岸边被发现的。菊石是一种已经灭绝了的软体动物，最早出现在距今约4亿年的古生代泥盆纪时期，在距今约6500万年前的白垩纪末期绝迹。

进化

对动物和植物来说，要一代一代地生存下去，就必须学会适应周围变化着的环境。这就要求它们必须随着环境的变化而改变自己，这种改变的过程被称为进化，它可以被追溯到地球上有生命存在的最初时候。

进化论（关于进化的理论）认为最初的、简单的生命形式，经过数百万年的改变（演化），最后形成了现在生存在世界上的所有不同种类的动物和植物。这就意味着所有的有机生物，不管是活着的还是已经死去的，都有着共同的祖先。最早的生物是简单的、单细胞生物，但是，由于相邻两代生物之间的物理特征会发生细微的改变，所以经过数百万年后，就逐渐形成了更多种类的复杂的生命形式。

这个理论今天已经被人们广泛地接受了，已经不是新的理论了。古希腊哲学家亚里士多德（公

▲ 直到 16 世纪人类到达加拉帕戈斯群岛之前，加拉帕戈斯陆龟一直都没有天敌，并在那里居于统治地位。但是，自从人类到达了那里，它们的数量就开始逐渐减少。现在，某些种类已经濒临灭绝。

▲ 这是英国博物学家查尔斯·达尔文（1809 — 1882 年）的一幅雕版画。他总结出了今天进化论的大部分理论。

元前 384—公元前 322 年）持有一种"自然阶梯"的观念。他是世界上第一个根据动物的复杂性将动物进行分类的人。他认为每一个物种都固定地存在于"自然阶梯"之中，人位于"自然阶梯"的顶端，以此类推，一直到最低级的动物。然而，这种观念曾经在好几百年里，都被人们认为是亵渎神明的，因为它与《圣经》中的说法相矛盾。人们认为地球上所有的生物，都是由上帝在创造天地的时候留在这里的，是不会改变的。他们将像恐龙这种已经不存在的动物的化石，解释为在"诺亚洪水"中被淹死的动物的遗骨。这些生物被称为"大洪水以前的生物"。

大开眼界

"黑雁"树

很久以前，人们几乎没有兴趣研究活的生物。于是，人们对动物是如何发育起来的，经常会有一些奇怪的观点。其中最奇怪的一个观点认为黑雁是从树上生长出来，然后掉落下来，再孵化出来的。

进化"族谱图"

现在，世界上大约有 150 万种不同的生物。许多生物的"族谱"都可以通过分析化石的记录，被追溯到最初的简单有机物，尽管仍然有许多的疑问有待解答。下面这个简化的生物"族谱图"向我们显示了主要的生物群体有可能是怎样进化而来的。

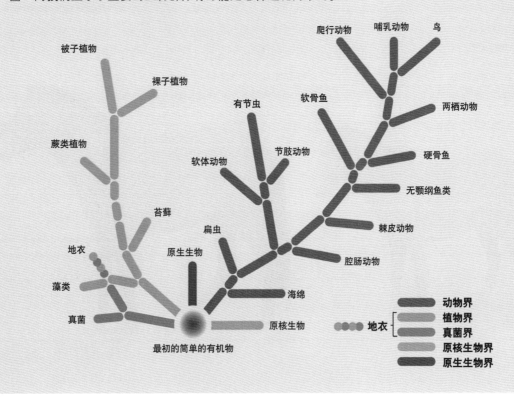

马的进化

　　最初的马生活在多沼泽的林地里。它们是像狐狸一样大小的吃嫩叶的小型动物，并且长着利于快速奔跑的又细又长的腿。但是，现在的马却已经进化成了一种与它们的祖先有着很大差别的生物。

始行马属

马最早的祖先大约生活在7000万至6000万年前，它们的大小像狐狸一样，后足上长有三个足趾，而前足上则长有四个足趾，这对当时在沼泽地上行走的动物来说，非常理想。

渐新马属

3500万至2500万年前，马的腿和脖子都进化得更长了一些，此时，它们的大小像绵羊一样，前足上也只有三个足趾了，这样的身体结构，使它们适合在那些曾经较为干旱的草地上吃草。

草原古马属

2500万至1000万年前，马的大小已经相当于现在的小型马了，而且它们的足上已经进化出了蹄，这使它们更适合在开阔的草原地带上吃草。

上新马属

700万至200万年前，马有了结实的单蹄，而且它们很强壮，奔跑的速度也极快。

马属

在不到200万年前，那时的马大概是现在的马匹的祖先，看上去已经很像纯种的英国小型马了。

当瑞典植物学家卡尔·冯·林奈（1707—1778 年）将所有已知的动物和植物，按照它们的物理相似性进行分类后，这些观念开始改变了。

随时间改变而变化

有关进化的第一个理论是由博物学家拉马克（1744—1829 年）提出来的，他提出了"获得性遗传"的理论，认为有机物会随着环境的变化而改变，并且会把这些改变直接传递给下一代。比如，他认为，如果长颈鹿为了吃到树上的树叶，总是把自己的脖子伸得直直的，那么它的脖子就会长得更长一点，而这种特征会被遗传给下一代，这样，每一代长颈鹿的脖子都会比上一代长一点。

拉马克的想法几乎得不到人们的支持，他

你知道吗？

突变理论与渐变理论

在达尔文之前，人们关于地质是如何改变的问题，有着非常激烈的争论。其中，乔治·居维叶男爵认为，地质的改变是由突然的、短期的大灾难引起的，比如洪水。

由于这个理论与《圣经》中的解释是一致的，所以，这个理论在教会中非常流行。而且，它似乎也解释了像恐龙这样的动物不再存在的原因。这个理论的支持者们认为，地球是在约公元前 4000 年被创造出来的。

苏格兰地质学家查尔斯·莱尔爵士提出了一个相反的理论，他认为地质的改变是缓慢、逐渐发生的，是由地下的岩石的熔化力量以及风、雨的侵蚀共同引起的。这个理论的支持者们认为地球已经有好几百万年的历史了。并且，这个理论在达尔文创立他的进化论的过程中，起到了一定的作用。

胚胎的进化

每一种动物在发育中的胚胎时期，都经历了进化的整个历史过程。猪、牛、兔子、鱼、龟和人类的早期发育阶段，看起来几乎是一样的，甚至人类在胚胎阶段也长有腮和尾巴，这证明了所有的生物都是由共同的祖先进化而来的。随着胚胎的发育，各种生物会慢慢变成自己独特的形状。

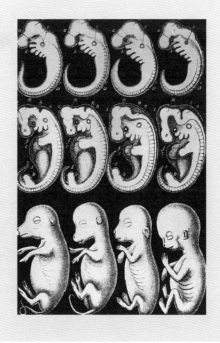

▶ 欧内斯特·海克尔的这张图示，大约绘制于 1895 年，它清楚地显示了四种生物在胚胎发育阶段的相似性。图中从左到右依次为猪、牛、兔子和人。从图中最上面一行我们可以看到，这四种动物都有像鱼鳃一样的裂口。

最终在贫困中死去了。他的基本理论最终被证明是错误的，但是，他为达尔文的进化理论的产生提供了一定的理论基础。

为什么有这么多的生物种类

伟大的博物学家达尔文（1809—1882 年）在 24 岁的时候，在英国皇家海军"贝格尔"号上获得了一份工作，这是一艘开往南美洲和南太平洋的勘测船。在里约热内卢的森林中，他有了第一个非凡的发现。在一个很小的区域内，他就发现了 68 种不同的小甲虫。那里有许多生物种类的事实使他大为震惊，这也使他开始对生物种类的多样性产生了很大的兴趣。

但是，直到 1835 年，他乘坐"贝格尔"号前往加拉帕戈斯群岛（位于厄瓜多尔西部）后，他的脑子里才开始产生这样一种观念：生物的种类并不是永远地固定的，而是会随着时间的改变而发生变化的。

加拉帕戈斯群岛是一系列位于南美洲大陆以西洋面上的火山群岛，它距离厄瓜多尔的海岸有 900 多千米，并以拥有一些与众不同的生物而闻名。这里既有繁茂的森林，也有干旱的沙漠。这里的许多物种都与生活在各大洲主要陆地板块上的生物种类相似，但是，它们都发生了变化，

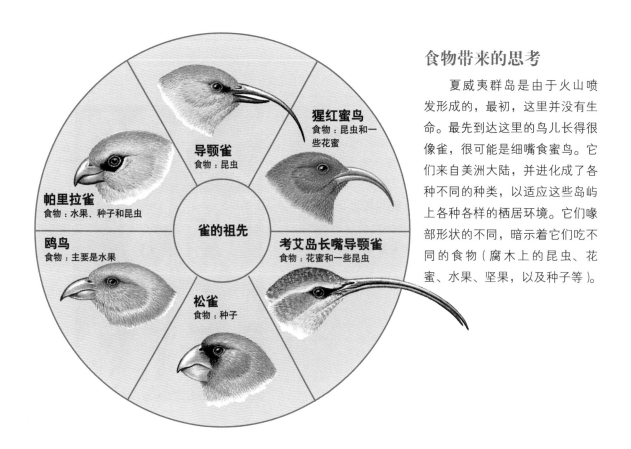

食物带来的思考

夏威夷群岛是由于火山喷发形成的，最初，这里并没有生命。最先到达这里的鸟儿长得很像雀，很可能是细嘴食蜜鸟。它们来自美洲大陆，并进化成了各种不同的种类，以适应这些岛屿上各种各样的栖居环境。它们喙部形状的不同，暗示着它们吃不同的食物（腐木上的昆虫、花蜜、水果、坚果，以及种子等）。

以使自己能够更好地适应这片特殊栖居之地中的环境。于是，达尔文开始设想物种为了适应不同的环境而发生变化的可能性。

达尔文的发现

加拉帕戈斯群岛的巨龟为他提供了第一个惊喜。达尔文注意到，它们与南美洲大陆上生活的龟非常相似，但是，它们却更大一些。他发现那些生活在地面上长有大量植被的区域中的龟，颈项要短一些，而且背壳是倾斜的；但是，那些生活在缺乏地面植被的干旱沙漠中的龟，背壳的中间是向上隆起的，并且颈项较长，这样它们才可以够到仙人掌的分枝，或者树木较低的树枝上的叶子。

之后，达尔文开始对加拉帕戈斯群岛上的鸟雀产生了强烈的兴趣，这帮助他进一步发展了自己的理论，并最终形成了进化论。他想象着有一群原始的鸟雀偏离了它们飞行的路线，在这些岛屿上着陆了，这里几乎没有竞争，于是它们开始发生变化，逐渐适应这里舒适的生态位（物种所处环境及其生活习性的总称）。这些鸟雀看上去都很相似，但是，它们的鸟喙和习性却已经因为食物不同而发生了变化。生活在地面上的鸟雀长有强劲的鸟喙，能够剥开种子；而生活在树上的鸟雀则长有尖尖的鸟喙，可以倒挂在树上，寻找树叶下面的昆虫。在这些鸟雀中，最与众不同的是啄木雀，它们可以折断仙人掌的刺，并用它来挖虫子。

适者生存

对这些动物的研究，帮助达尔文发展了他的自然选择理论——适者生存。他认为在这个世界上，一切生物都在不断地为获取食物以及努力逃脱捕食者而竞争，只有适应能力最强的生物才能生存下来，并繁衍后代。如果某种生物发育出一种特殊的特征，使它拥有某种优势，比如能够更好地找到食物，或者在躲避捕食者时能够跑得更快，那么，它就更有可能生存下来，并把这一特征传递给它的后代。

任何一种发育出了异常特征（这种异常特征使这种生物处于劣势）的生物，都将会在它把这种特征传递给自己的下一代之前就死亡了，因此，这种劣势特征也会随之而亡。尽管这种进化过程只会在每相邻两代之间制造出一些很细微的改变，但这些细微的改变

▲ 在青苔的映衬下，色彩斑驳的灰蛾与黑色的灰蛾相比，能够更好地伪装自己，躲避捕食者。

长颈鹿的脖子

为什么长颈鹿的脖子会那么长呢？人们通常认为它们进化出长长的脖子是为了够到高高的树木上的树叶。但现在，有一些生物学家却在为此争论，他们认为长颈鹿是为了逃脱捕食者而逐渐进化出了长腿，同时，它们为了能够喝到地面上的水又必须得进化出长长的脖子。

长颈鹿的适应性还不是非常完善（它们的脖子还没有进化得足够长）这一事实，进一步证明了这个理论。在水坑边喝水的长颈鹿必须张开腿才能喝到水。如果前一个"树叶理论"是正确的，那么长颈鹿的脖子就应该长得比腿长，那么就不会存在这样的问题了。

会随着时间的推移被累积起来，从而产生出一个新的物种，最终使植物界和动物界具有了多样性。现在我们知道，是细胞核中的基因突变引发了这些变化，但是，在达尔文生活的那个时代，人们并不了解这一点。自然选择是一个连续的过程，直到今天，这种过程仍在进行着。甚至人为的污染也能引发自然选择的发生。过去，黑色的灰蛾在英国非常稀有，因为它们在长有青苔的灰绿色树皮的映衬下，会非常容易被鸟儿发现，并被吃掉。而灰白色的灰蛾则不会那么显眼（不容易被发现）。但是，后来，工业区的烟雾污染导致许多树上的青苔都死掉了，树皮都变得黑乎乎的，这样，与灰白色的灰蛾相比，黑色的灰蛾就变得不那么显眼了。结果，黑色灰蛾的数量增多了，而灰白色灰蛾的数量则逐渐减少。但是，由于现在环境又逐渐变好了，这些灰蛾的自然选择又开始了新一轮的循环过程。

寻找怪物

如果有人告诉我们，野人生活在世界各地的丛林里，狼人在夜晚的街道上巡游，大型猫科动物在东约克郡猎杀绵羊，尼斯湖水怪在水面上晒太阳，我们可能会狂笑不止，并要求他们拿出证据。

一直以来，科学家们引导我们相信：在这个充斥着疾驰的汽车、电视和八卦小报的现代世界里，不可能存在怪物；"侏罗纪公园"只是一个故事，只是一个起源于很久以前的传说。

唯一愿意质疑这些自负的科学家的人是神秘动物学家。这些人花大量的时间调查传闻，采访目击者，搜集证据，力图证明那些隐藏的动物或者"活着的怪物"到底存不存在。

寻找尼斯湖水怪

世界上最有名的怪物之一是被广泛宣扬的尼斯湖水怪。关于尼斯湖水怪的传闻最早开始于 1933 年，当时，英国尼斯湖的北岸建成了一条新的公路，使公路上的人们可以清晰地一览这片狭长水域的全貌。那一年，麦克雷南一家在度假时，目睹了湖中的水怪。据他们描述，这头怪物有 9 米长，长着 4 个鳍状肢、隆起的背、细长的脖子和小小的脑袋。从那以后，又有数百名目击者声称他们看到了类似的动物，尽管他们描述的动物的大小略有出入。此外，关于尼斯湖水怪长的到底是腿还是鳍状肢，人们也说法不一，因为有些人说他们是在陆地上碰见水怪的。

▲ 这是海面上的一道油迹，还是正在澳大利亚附近清澈的浅水中休息的蝌蚪形状的海怪呢？或许只有摄影师罗伯特·勒·塞拉克知道。

恐龙现身？

近 30 多年来，从非洲刚果共和国的沼泽深处不断传出关于活着的恐龙的传闻。于是，20 世纪末，人们组织了一次前往遥远的泰莱湖的远征探险。探险结束后有队员称，他们确实发现了　种以植物为食的梁龙。但是和所有的"目击者"一样，他们没能拿出任何证据，让人无法对其真实性抱有希望。

你知道吗？

长白山"水怪"

中国的高原湖泊众多，其中很多湖泊中不乏"水怪"的传说，这其中最为著名的当属"长白山天池水怪"的传闻。长白山天池坐落在吉林省东南部，是一个火山口湖，也是中国最深的湖泊。那里山高水冷，营养含量非常低，里面基本没有生物。但是在 1980 年，有人声称在天池中发现一只体大如牛、头大如盆，并且游动极快的动物，它的身后还拖着一条长长的喇叭形划水线。在此后的 30 多年中，天池水怪曾数次现身，很多人声称目睹过它的身影，还有人拍下过不甚清晰的照片，但始终没有确切的证据证明它的存在。

和大多数被热情宣传的怪物故事一样，很多所谓的目击者其实都是在撒谎，还有些目击者是错误地把波纹、木头、水獭，甚至一头游泳的鹿当成了怪物。然而，并不是所有的目击者都在编造谎言，认定所有的目击者都看错了也未免太过草率——尤其是考虑到在世界上其他湖泊中也发现了水怪的时候。

与尼斯湖水怪类似的怪物在北半球和南半球的许多寒冷地区（10℃等温线附近）都有发现。在北半球，10℃等温线穿过了英国、挪威、瑞典、芬兰和俄罗斯，这些国家都有很多与大海相连的湖泊。加拿大的欧肯纳根湖和香普林湖分别是欧肯纳根水怪和香普林水怪的故乡。在挪威的米约萨湖、瑞典的斯图尔湖，以及俄罗斯和英国的一些湖泊中，人们也发现了湖怪的踪迹。

1976 年，这张康沃尔海怪的照片被一位署名玛丽·F. 的读者寄给了康沃尔郡的一家报社。这张照片捕捉到了康沃尔海怪摇头晃脑的动作。玛丽·F. 在信中说，海怪有 4～6 米长，样子非常恐怖。

在南半球，人们在阿根廷、玻利维亚、坦桑尼亚、澳大利亚和巴布亚新几内亚都发现了湖怪。在澳大利亚，湖怪被当地的土著居民认为是一种邪恶的超自然存在。许多湖怪和海怪的目击者都大受惊吓，惶恐不安。然而，它们总是神龙见首不见尾，从来没有人拍到过它们的照片。

海中和湖中的怪兽

世界上很多湖怪最令人困惑之处是它们缺乏确凿的证据。如果这些怪物确实存在的话，它们必须繁衍后代，那么在它们的繁育之地，一定会有更多的目击者和证据，可事实上没有。有一个理论认为，这些怪物实际上居住在海里，它们只是为了换换口味才偶尔来到湖泊中觅食。尼斯湖水怪可能是一种海洋怪兽，它来到尼斯湖只是为了吃一点儿湖中的鲑鱼。这种理论的依据是，曾经有人在连接着尼斯湖和北海的水道——尼斯河里看到过尼斯湖水怪。

关于海怪的报道也接连不断地出现，这些海怪有大有小，形状各异。但是，找到它们存在的科学证据并不容易。在科学家们发现了巨乌贼和巨章鱼的几具腐烂的尸体以后，它们才被认定为新的物种。1995 年年底，新西兰的渔民捕到了四条巨大的乌贼，其中最大的是一条长达 8 米、重约 1 吨的雌性乌贼。在海洋中被发现的巨型动物并不只有巨乌贼和巨章鱼。在 20 世纪，人们还发现了三种以前从未发现过的鲸和一种陌生的鲨鱼。我们知道，世界上的海洋如此浩瀚，所以可能还有许多奇怪的海洋动物等待着我们去发现，比如长长的像海鳗一样的海蛇、巨大的鳄鱼，以及长着长脖子的与尼斯湖水怪类似的动物。

巨乌贼通常居住在900米以下的深水中。不过，它们偶尔也会在水面现身。这幅画描绘了1922年灾难性的一天。一艘渔船遭到了一只巨乌贼的攻击，两名船员被杀死。

1977年5月21日下午，安东尼博士正在厄克特城堡中观望尼斯湖水面。这时，一个光滑的脑袋和脖子破水而出。尼斯湖水怪只出现了四五秒钟，但是安东尼成功拍到了两张较为清楚的彩色照片。

1987年10月，20艘船排成一条直线，用当时最先进的声呐设备对尼斯湖进行了全面的扫描。这次深水探测的费用高达100万英镑，但遗憾的是，船队并没有发现尼斯湖水怪的踪影。

地狱中的蝙蝠

神话中总是有一些会飞的怪物。在希腊神话中，哈耳皮埃是一种长着女人面孔的恐怖的鸟。在马达加斯加神话中，有一种能生吞大象的巨鸟；在美国神话中，土著居民描述了一种吃人的大鸟。这些神话最初有可能是为了吓唬淘气的孩子编造出来的，也有可能是以真实的动物为依据创造出来的。

20世纪末，世界上还有许多人目睹过身份不明的会飞的生物。例如，1995年，坦桑尼亚桑给巴尔地区的人们因为担心被一种恐怖生物袭击而不敢入睡——他们说，这是一种矮小的圆球形生物，长着独眼、小而尖的耳朵、像蝙蝠一样的翅膀，以及锋利的爪子。1996年，墨西哥人认为，一种像吸血鬼一样的生物攻击了他们的兔子、山羊和鸡。专家推测，这些家畜和家禽的死亡是由一种新的巨型蝙蝠导致的，这种蝙蝠展开双翅时宽达1.5米，可能是从南美洲迁徙过来的。但是，墨西哥官方后来发表声明说，杀死禽畜的罪魁祸首是饿狼和山狗。这个声明很值得怀疑，因为通过两个小孔吸食受害者的血液并不是狼和山狗惯用的攻击方式。

丛林中的野人

大家一定都听说过关于雪人和"大脚"的报道，但是这些巨大的、毛茸茸的人形生物并不仅仅存在于喜马拉雅山区、美国和加拿大。澳大利亚、中国和俄罗斯等地也有报道称发现了类似的被称为野人的生物。

▲ 1967 年，美国加利福尼亚州的一对外出骑马的朋友用电影胶片拍到了"大脚"的照片。这些胶片引起了很大的争议。一些科学家认为，人类不可能像"大脚"这样走路，因此胶片上的画面不会是仿造的。另一些科学家则坚持认为，这只是好莱坞制造的一个超级玩笑。

▲ 从 1961 年开始，要想在尼泊尔搜寻雪人，必须向政府申请许可证。对保罗·弗里曼（如图）来说幸运的是，美国政府对搜寻大脚怪的政策要宽松得多。

　　人们甚至相信，野人可以分为不同的种类。据说仅雪人就有三种：矮小的、和猿类似的雪人，稍大一些的、和猩猩类似的雪人，以及高大的、和人非常相像的雪人。登山者经常在雪地上看到这些雪人的巨大脚印，据说雪人们会穿过高高的、被雪覆盖的山峡，走到其居住的温暖山谷中。

　　在非洲、中美洲和南美洲，也有人看到过不同种类的多毛的类人生物。一位来自巴黎的女科学家花了 10 年的时间在非洲搜寻多毛的野人。在这 10 年里，她记录下了 5 种生活在森林中的类人生物，从专吃块茎、浆果和蘑菇的温驯生物，到手持弓箭、毛发厚重、和俾格米人很像的野人——这种野人可能是现代俾格米人的祖先，也可能是南方古猿的后代。

　　和世界上的其他"怪物"一样，野人的存在也很难被证实。然而，科学家们从很多地方采集了目击者发现的巨大脚印。对北美洲的脚印的统计学分析显示，目击者发现的脚印的大小与各地雪人的身高相关。而身高差异又与气候和地理条件的不同有关。分析表明，如果目击者提供的这些证据是假的，那么一定有来自不同地区的成百上千人串通好了，"齐心协力"地撒了这

苏门答腊小矮人

一支科学考察队在苏门答腊岛西部追踪到了一群传闻中的"苏门答腊小矮人"的踪迹。这种多毛的"野人"被认为是一种新的灵长类动物。它们至少有 1.2 米高，身体强壮，很好地适应了用两只脚直立行走。科研人员给四个苏门答腊小矮人分别起了一个绰号。其中，"大脚趾""马拉松运动员"和"新来的"被发现的时候，正在津津有味地吃着生姜的根。而第四个小矮人——"江洋大盗"被发现的时候，正在吃自己刚从科考队偷来的鱼。

个弥天大谎。这显然不太可能。

野人的粪便、头发，甚至皮肤样本已经在不同的国家接受了检测。其中，一份来自北美野人的粪便样本中含有一种前所未闻的寄生虫。一份被保存在佛教寺庙中的雪人手部皮肤样本很接近人类的皮肤，但是明显不属于人类。还有一份可能属于"大脚"雪人的毛发样本显示，那是一种未知的灵长类动物的毛发。上述这些证据尚不足以证明多毛野人的存在，但也不能排除野人存在的可能性。我们还在期待神秘动物学家们发现更多的证据。

灭绝的物种

我们周围所有的动物和植物都只是地球上的临时性"居民"。和我们人类一样，它们在地球上只有短暂的"暂住期"，到了一定的时候，就可能会彻底消失。所有的物种都将在地球上灭绝，成为化石。为什么在历史上，生物会如此大规模地而且有规律地消失呢？

地球是一个动态系统。它的气候、地理、植物群和动物群都在不断地改变着。在地质时期，这些变化可能发生得非常迅速，但是自从有人类存在后，这些变化就发生得非常缓慢，以至于我们都不会注意到。在我们短暂的生命中，仅仅能看到地球整个历史过程中最简短的片段，就好像一部只有几小时的"史诗片"。

▲ 1977年，人们挖掘出了一头小猛犸象。它被冻结在永冻土中，因此被很好地保存了下来。直到1979年，它一直都被放置在伦敦的自然历史博物馆中进行展览。

挖掘动物的化石遗骸是一项长期的、艰苦的工作。化石周围的岩石必须被仔细地砍凿并刷掉，不能使用有威力的机器。尽管收集化石可能很有趣，也很令人激动，不过，我们尽量还是要远离采石场、悬崖，以及位于风大浪急的海中的岩石。

我们不能期望看到地球上发生的所有变化，但是，找到地球在过去发生变化的证据却是可能的。在全世界，不管是在陆地上还是在水中，人们都发现了如今已不再存活的动物的化石。这些生物中，许多都生活在数百万年以前。当时，地球的环境和现在有很大不同，适合不同种类的动物和植物生存。要使一个生物变成化石，需要一系列特殊的条件，而且满足这些条件的情况相对来说非常罕见。由于这个原因，几乎没有多少生物真正变为了化石，所以，除了那些我们通过化石记录知道的生物外，世界上一定还存在过其他数百万我们不知道的生物。

如果一种生物的所有成员在世界上的任何一个地方都不存在了，那么这种生物就灭绝了。相反，那些目前还存在的动物或植物就是未灭绝的生物。

秃鹮曾经遍布于几个大陆上，但是它们的数量却在近段时期迅速地减少了。人们曾经将一些鹮养在笼中使它们繁殖，想以这种方法来增加野生鹮的数量，但是它们最终还是在1989年灭绝了。

灭绝的三种类型

最著名、最引人注目的灭绝类型是集群灭绝。它以数千种物种（比如恐龙）几乎在同一时间内一起灭绝为标志。对产生这种灭绝类型的原因最常见的解释是，地球的气候发生了剧烈的改变，而这种剧烈变化，可能是由于地球与其他陨星或者小行星碰撞引起的。在物种集群灭绝之后，许多新的物种通常又会进化出来，于是，全新的生物群休开始成为地球上的优势物种。迄今为止，地球上曾经发生过 10 次物种集群灭绝现象，而且其中 5 次都具有相当大的破坏性。

◀ 马蹄蟹实际上并不是蟹，而是唯一一种存活下来的肢口纲动物。它们是一种海洋动物，大约出现在 4 亿年前。它们的腿长在坚硬的甲壳下面。

巨大的嘴

巨牙鲨是一种巨大的鲨鱼，生存在大约 2 万年前。人们只是通过一些牙齿化石才对它们有些了解。这些牙齿的形状与今天的大白鲨的牙齿非常相似，只是要大得多。它们可能是大白鲨的祖先之一。最初估计，这种巨牙鲨大约有 30 米长，科学家们还根据自己的推测重塑了它的颌骨。不过，人们最近认为，这个模型以及最初对它的大小的估计有一些夸张。今天，许多人都认为，这种鲨鱼颌骨的实际大小可能只有模型的一半，它们的最大长度在 12 ～ 15 米。有的人甚至认为，它们仍然生活在未被人类发现的黑暗的海底深处，但是，当考虑到它们巨大的体积，以及食肉的天性时，许多海员都认为这似乎是不可能的。

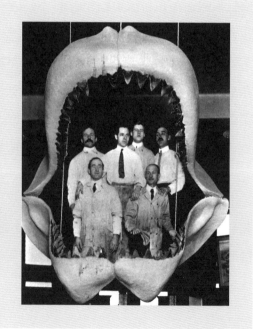

物种的灭绝

迄今为止，世界上发生过 5 次严重的物种集群灭绝，以及 5 次规模较小的物种灭绝。在 5 次严重的物种灭绝中，地球上的物种至少有 50% 都消失了。恐龙是在 6500 万年前的物种集群灭绝中灭绝的。

4.4 亿年前   **3.7 亿年前**   **2.4 亿年前**

三叶虫的灭绝

在第一次物种大灭绝中，大约有 50% 的物种都消失了。三叶虫是损失比较严重的物种之一，它们是一种早期的海洋动物，而且可能是最早长有眼睛的动物。

某些鱼类的灭绝

对动物们来说，发生在泥盆纪时期的物种灭绝并不像以前的大灭绝那么严重。虽然如此，仍有 30% 以上的动物灭绝了。在这次灭绝的的动物中，有比较著名的动物。

水中的坟墓

曾经发生过的最具有破坏性的物种灭绝是二叠纪时期的灭绝。这次灭绝导致了 96% 的海洋物种消亡。许多植物和两栖动物也都死去了。所有的三叶虫都灭绝了。

1.8 亿年前   **6500 万年前**   **1 万年前**

爬行动物的消亡

在三叠纪时期的物种灭绝中，约有 35% 的物种都消失了。许多早期爬行动物和海洋软体动物都死亡了。在那些大量被发现的化石中，我们能找到灭绝的软体动物壳的印记。

恐龙的灭绝

白垩纪时期的物种灭绝导致恐龙的消失。虽然这次灭绝很有名，但它并不像以前的灭绝那么严重。恐龙统治了地球 1.4 亿年，它们是地球上生活得最为成功的一种陆地动物。

哺乳动物的灭绝

冰川的消失标志着更新世冰期（冰河时代的最后一个冰期）的结束。随着气候变暖，许多大型的哺乳动物，比如披毛犀和大地懒，都灭绝了。

集群灭绝、冰期，以及行星碰撞都不是只发生在过去，它们至今都在相当有规律地发生着，并且没有任何原因不持续发生。

第二种灭绝类型是假灭绝。它是由于生物为了适应自己的生存环境，不断进化引起的。有时候，一种生物在进化的过程中，与它们原来相比，变化是如此巨大，以至于可以被归为一种新物种。比如，尽管巨大的猛犸已经不存在了，但是它们的基因仍然存在于大象体内。所以，虽然它们被认为已经灭绝了，但是它们的血统却继续在其他物种的身上存在着。

第三种灭绝类型是个体灭绝，是指个别物种的灭绝。这些物种数量的减少以及最后的灭绝，可以有很多原因，而且这种灭绝方式可以迅速发生。现在，有成千上万的物种都面临着个体灭绝的危险，比如大熊猫、山地大猩猩和小独角犀，它们的数量大量减少主要是由于人类对它们的栖居环境的破坏。

猎人

在地质时期，灭绝并不是逐渐的、持续性发生的过程，而通常都会周期性地、突然地发生。现在是有史以来物种灭绝速度最快的时代之一。不过，在过去，物种的集群灭绝是由自然现象引起的，而今天的灭绝速度如此之快则主要是人类活动的结果。最近，已经有人提出，如果物种继续以目前的速度灭绝，那么50年后，地球上的物种将会减少一半。

袋狼的灭绝

袋狼是一种食肉的有袋动物。它们曾经生活在澳大利亚，但是在大约3000年前，生活在澳大利亚大陆的袋狼大多都灭绝了，这可能是与澳洲野狗相竞争的结果。而少数存活于塔斯马尼亚岛的袋狼以人们驯养的绵羊为食，因此，也受到了当地居民的猎杀。

为了猎杀它们，私人农场主和政府往往会付出很高的酬金。它们的数量迅速减少。人们还认为疾病也最终促使它们彻底灭绝。后来，塔斯马尼亚岛上的人们曾经大规模地搜寻袋狼，可是都没有结果。

▲ 人们见到的最后一只袋狼是在1933年被捕捉到的。它一直生活在霍巴特动物园里，直到1936年死去。

个体灭绝

　　下面显示的是一些最有名的个体灭绝物种。所有这些物种的灭绝都是在相对较近的时期发生的。除了图中列举的这些动物，许多其他的动物也只能在历史书、化石记录和博物馆中出现了，这是它们曾经存在于这个世界上的唯一证据。

巨型恐鸟

这种巨大的鸟儿通常能长到3米高。它们生活在新西兰，由于毛利人的猎捕而灭绝。

巨狐猴

这是许多大型狐猴中的一种，当马达加斯加岛上有了人类之后，它们就开始面临着威胁。这些行动迟缓的狐猴，很容易成为人类的猎物。

不会飞的鹦

不会飞的鹦是在公元1000年左右灭绝的。它的近亲隐鹦于1989年灭绝。

白氏斑马

白氏斑马的身上只有部分长了条纹。它们原产于撒哈拉以南的非洲，由于人类的过度猎捕而灭绝。最后一头白氏斑马生活在阿姆斯特丹动物园里，直到1883年死去。

渡渡鸟

这是一种大型的不会飞的鸟，大小相当于一只丰满的火鸡，它们曾经生活在毛里求斯岛上。

原牛

这是一种野牛，它们在更新世（大约200万年前）时期，处于全盛时期。它们被认为是所有欧洲家养牛的祖先。

旅鸽

旅鸽曾经数量丰富，但是人们为了吃鸽肉，对它们过度猎捕，导致它们灭绝。

卡罗来纳长尾鹦鹉

这种鸟曾经在美国东部地区大量繁殖。但是当时，人们认为它们会破坏农作物，所以就不断地迫害它们，最终导致了它们的灭绝。

▲ 这只昆虫被针叶树分泌出来的黏黏的树脂粘住了。这种树脂变成化石后，被称为琥珀。图中这只琥珀来自4000万年前的古近纪始新世。

在近几个世纪里，西方大国的殖民统治和对自然的探测，对个体物种的灭绝产生了很大的推动作用。当时，任何能够为人类提供食物、原料，或者可供人类进行体育竞技活动的生物，都被人们肆无忌惮地无情猎杀。保护自然环境和维护生态平衡都是最近才被人们提出来的概念。过去，西方人认为在像非洲和亚洲这样的地方有不计其数的动物，而且动物的多样性也是数不尽的。但是，自从这些大陆被发现以后，这里的物种灭绝速度就一直持续不断地升高。今天，物种的灭绝速度很快，但并不仅仅是因为人们的过度狩猎，更主要的是因为物种的生活环境被破坏、污染了。

很多时候，两个或多方面的因素，会导致物种的灭绝。这一点可以通过已经灭绝了的海洋中的大力士——巨儒艮来说明。它们在1741年被人们发现，并被认为已经在1973年灭绝了。与它的"亲戚"儒艮和海牛不同，巨儒艮生活在冰冷的水域中，体重可以达到10吨。但是，由于人们对它们过度捕杀，再加上它们的海藻食物大量减少，最终也灭绝了。

20 世纪以来发现的动物

各国政府斥巨资寻找关于外星生命的蛛丝马迹，但是我们或许应该先在地球上寻找一下新的生命形式。我们真的像自己认为的那样了解我们生活的这颗星球吗？

很明显，我们自以为非常了解的这颗星球，仍然对我们保守着许多秘密。在整个 19 世纪和 20 世纪，科学家们一直声称，他们已经给全世界所有的大型动物命了名并分了类。但具有讽刺意味的是，他们话音未落，就有大量新的物种被发现，而且直到现在，它们还在源源不

▲ 1990 年，人们在新几内亚岛上第一次发现了图中这种树袋鼠。这种哺乳动物非常温顺，当地的达尼族猎人称它为"被束缚的男人"。

地出现。在 20 世纪初，由于西方科学家加紧了对中非地区的探索，所以中非成为许多新物种的发现地。在最近的几十年里，在东南亚的森林中又发现了一些新的动物。实际上，大部分"新"发现一点儿也不新鲜，只不过是初次闯入西方动物学家的视野罢了，而当地人在很久以前就已经知道这些物种的存在。研究未知动物或传闻中的动物的科学，被称为神秘动物学。发现新物种是每一位科学家的梦想，新发现的物种会以他们的名字命名，以纪念他们的丰功伟绩。

神秘的哺乳动物

20 世纪最富有戏剧性的发现可能是一种大型的哺乳动物，这种动物一直栖身于非洲腹地。英国探险家史坦利爵士在书中曾提到过一种奇怪的"森林驴"，它们为中非的俾格米人所熟知，人们认为这种动物生活在乌干达的伊图里森林（现在是刚果民主共和国的一部分）之中。史坦利爵士对这种动物的描述，引起了哈里·约翰斯顿爵士的兴趣。约翰斯顿那时恰好被任命为乌

▲ 20 世纪早期，㺢㹢狓的发现激发了人们探索伊图里森林的兴趣。这种 1.8 米高的羞涩、温驯的动物有一条特别长的舌头。此外，它们最引人注目的地方就是长有条纹的臀部和四肢。

干达的官员，他相信这种"森林驴"是一个新的物种。1899年，约翰斯顿有机会与几个俾格米人当面交流。俾格米人告诉他，有一种生活在森林里的大型食草动物，被称为㺢㹢狓。约翰斯顿当时认为，他们说的是一种生活在森林中的新的斑马品种。1900年，他又推断，这种动物是一种原始的马。后来，他获得了这种动物的一些皮毛，并将其送到伦敦存档。这些兽皮样本确实暗示了这是一种新的动物。最后，在1901年，瑞典人卡尔·埃里克森送给约翰斯顿一张完整的兽皮和两具完整的头骨。约翰斯顿把它们转送给英国自然史博物馆的埃德温·兰基斯特教授。兰基斯特认定，㺢㹢狓是一种短颈反刍类哺乳动物，与长颈鹿同属一科。

　　㺢㹢狓引起的轰动尚未平息，关于巨型森林猪的消息又传出了非洲，这次是来自东非的维多利亚湖旁边的森林里。这种动物后来被证明是大林猪。

　　当科学家们听到有关新发现的动物的消息时，他们总是更愿意谨慎地等待更多的证据。有时候，一种新的动物被报道后，却无法得到正确的鉴定，例如可笑的金叶猴事件。1907年，人们听到传闻，一种未经归类的色彩鲜艳的猴子生活在印度阿萨姆邦。科学家们推测，这只不过是迁徙到那里的金丝猴。但是几十年后，人们又发现这些猴子实际上是一种新的叶猴。直到1955年，它们才被正式归为一个新的物种。1996年，还有一个关于灵长目动物的新发现——一种生活在巴西的松鼠大小的橘子狨。当生物学家们询问当地人是否见过这种橘子狨时，其中一个当地人头上顶着一只橘子狨上前答话，令生物学家们大惊失色。

▲　图中这种叶猴在1955年被正式归类。两年后，另一种新的叶猴——白头叶猴在中国被发现。

▲　这种橘子狨生活在亚马孙森林的南部地区，在1990年到1996年之间，人们先后发现了6种狨。

重大的发现

　　当麦金农博士在越南看到一对像羚羊角一样的角时，他意识到自己发现了一件重要的东西，因为以前人们尚未在这个地区见过这样的动物。

　　中南大羚是过去 50 多年中发现的最大的动物。它们生活在越南的一个自然保护区里面的茂密丛林之中，这片自然保护区是 70 年前才建立的。1993 年 3 月，中南大羚被正式鉴定为一个新的物种，但那时，还没有任何一位西方科学家见过这种神秘的羚羊。直到 1994 年，西方人才有幸目睹了两头年幼的中南大羚，后来，在同一年，他们又发现了一头成年中南大羚。

崭露头角

关于中南大羚存在的最早的证据来自一对令人震惊的又长又尖的角，它们是在一个当地村民的屋子里被发现的。当地人告诉科学家，它们是山羊角。这对角长 30～50 厘米，有点像非洲羚羊的角，但是科学家们从不知道越南也有长着这样角的动物。只有为数不多的几个当地人见过这种神秘的动物。

蹄子的踪迹

中南大羚的蹄子是第二条线索。它们又短又钝，分为两趾，有悬蹄。

兽皮的线索

最后，在 1992 年，科学家们用生物化学方法对一块中南大羚的皮进行了检查。研究结果表明，这种动物确实是一个新的物种，属于牛科。在牛科中，还包括牛、羚羊、山羊和绵羊等。

全新的物种

　　20 世纪后期，人们在对越南的探索中，发现了一连串的哺乳动物。首先，人们在这个地区发现了一个新的山羊品种。1994 年，生物学家在越南胡志明市的一个市场上发现了一对螺旋形的山羊角，然后按图索骥，发现了这种动物。

　　同年，人们还发现了越南大麂。越南大麂是麂类中最大的，科学家在一位当地猎人的家里看到了它们的一对角，此后它们才广为人知。

　　越南疣猪是一位科学家在吃了一种奇怪的猪肉，并看到了这头猪的头骨后发现的。他怀疑这是一个新的物种，后来，很多证据证实了这一点。

　　此外，还有两种动物——黑鹿和慢跑鹿据说都是全新的物种。藏在越南河内市的一个箱子里的部分鹿角和头骨是它们存在的证据。

◀ 这是一种新近发现的生活在陆地上的鲇鱼。这是一种寄生鱼类，已经高度适应了陆地上的生活。这个新的物种以昆虫为食。它那血红的颜色来自皮肤下面丰富的血管。

幽深的海洋

1976 年 11 月 15 日，当一艘美国调查船来到夏威夷群岛附近的海域时，船员们发现了一条巨大的陌生的鲨鱼。

他们把它带到了研究中心，威基基水族馆的利顿·泰勒证实，这是一个新的物种。这条鲨鱼长 4.46 米，重约 750 千克。它有着宽宽的颚，可以大大地张开，因此人们给它起了一个绰号——"大嘴"。20 世纪初，在日本周围的水域中，另外一种奇怪的鲨鱼又出现了。这种鲨鱼独特的外表使它获得了欧氏剑吻鲨的名字。

我们一定理所当然地认为，最容易发现新的鱼类的地方是水里。所以在 1984 年，当彼得·亨德森博士在巴西河岸的落叶丛中发现一条 2.5 厘米长的陌生鲇鱼时，你可以想象他是何等震惊。

◀ 当南非的渔民捕到一条奇怪的、长着厚厚鳞片的动物时，他们感觉到了其中的异常。这实际上是一条腔棘鱼——科学家们原以为已经灭绝了的一种史前鱼类。它有着像腿一样的鳍，科学家认为，第一次爬出海洋的鱼类看起来就是腔棘鱼这副样子。

陌生的羽毛

詹姆斯·查平博士是 1913 年伊图里森林远征队的一名成员。这次远征的目的是搜寻，但是查平花了大量的时间记录当地的鸟类。其中有一部分工作是研究当地部落的人佩戴的精美羽毛头饰。一根特殊的羽毛吸引了他。这根羽毛颜色鲜艳，查平在非洲从未见过任何一种长着这种羽毛的鸟儿。它看上去有点像野鸡的羽毛，但是当时，在这片大陆上还从来没有发现过野鸡类。

◀ 1936年，刚果孔雀被正式确认。即使在今天，这种鸟儿也很罕见，它们生活在中非的密林深处——图中这张雌性刚果孔雀的照片是在刚果民主共和国境内拍摄的。科学家们在发现了它的一根羽毛之后，才开始猜测它的存在。

查平把这根羽毛带回了英国，并试图找出它究竟是什么鸟的羽毛，但是没有成功。他把这根羽毛放进了抽屉里，但它的样子已经深深印在了他的脑海里。许多年以后，查平在比利时参观一家博物馆时，突然发现两件落满灰尘的鸟类标本。他立刻认出自己那根神秘的羽毛就是属于这两只鸟的。标本的标签上注明这是亚洲孔雀，但查平知道这是错误的。查平回到非洲进行了更为广泛的调查研究，最后，他发现了一种非洲孔雀。1936年11月20日，这种孔雀被命名为刚果孔雀。

寻找"灭绝"的物种

有些被认为已经灭绝的物种，会再度出现在人们的视野中。其中最有名的可能是腔棘鱼。腔棘鱼是一种硬骨鱼，主要生活在中生代（2.45亿年前～6600万年前）。人们相信，最后一批腔棘鱼已经在6000万年前灭绝了。但是，1938年12月22日，一艘拖网渔船在南非海岸捞起了一条1.5米长的腔棘鱼——矛尾鱼。这是一个伟大的发

▲ 在新近发现的动物中，昆虫数量可观。在巴拿马进行的一项最新研究显示，在收集到的甲虫中，80%都是最新发现的物种。这个实验表明，迄今为止，我们只发现了世界上的一小部分无脊椎动物。

阴影蝎

  这种蝎子是 1993 年在澳大利亚北部被发现的。生物学家在那个地区的一个洞穴里发现了它们。这种蝎子有 2.5 厘米长，身子扁平，身上的钳子长达 4.5 厘米。它们居住在洞穴岩壁的角落和裂缝里。

现，矛尾鱼是这个物种的活化石。后来，人们在莫桑比克和马达加斯加之间的科摩罗群岛海域，又陆续发现了一些活的腔棘鱼。

  另一种重现在人们视野中的动物是绒鼯鼠。1996 年，生物学家彼得·扎赫勒在巴基斯坦北部的一条山谷中，发现了一只雌性绒鼯鼠。在此之前，人们以为这种松鼠在 70 年前就已经灭绝了。当地人对绒鼯鼠珍爱有加，他们认为这种动物的尿液具有药用价值。

  1996 年，爱德华野鸡也被再度发现。这种野鸡是在交配时被一位环保主义者发现的。在此之前，人们最后一次看到爱德华野鸡是在 1928 年。1988—1994 年，科学家们先后进行了三次搜寻，都没有发现它们的踪迹，因此他们认为这种鸟儿已经灭绝了。

濒危物种

自从地球上有了生命，物种的数量就越来越多。如今我们正生活在一个物种多样性程度已达有史以来最高水平的时代。然而，现有物种永久消失的速度也已达到空前的水平，并且远超过新物种进化的速度。

动物灭绝和进化的过程一直都存在。关于这两种现象的证据来自化石的记录。在过去，这两种现象处于相当平衡的状态，物种多样性总体上都在稳定增长。研究表明，物种的灭绝和新物种的进化并不是一个持续不断的过程，而是发生在一些特定的时期。人们相信，大规模的物种灭绝与地球生态和气候条件的变化有关。这种变化出现得十分迅速而且不可预期，使得当时

▲ 这是卢旺达山区中的雌性大猩猩和它的幼仔。这些小生命的未来并不乐观。卢旺达是少数几个发现有山地大猩猩生活的国家之一。战争曾经导致山地大猩猩数量锐减，而在今天，偷猎和人类传染病也对它们的生存造成了严重威胁。

存活的动植物无法足够迅速地适应变化以应对新的环境，从而逐渐灭绝。

我们今天经历的物种迅速灭绝现象要归咎于人类的活动及行为。但直到最近数十年里，人们才开始置疑自身行为对于环境的影响。

为什么物种会濒临危险

在过去的 100 多年里，工农业技术和医疗知识的进步导致世界人口惊人增长。这种改变为我们生活的这个星球的生态环境带来了灾难，并使许多物种濒临灭绝。在不久的将来面临高度灭绝可能性的物种，被称为濒危物种。地球上的生命体都生活在一个平衡的生态系统中，即使只对该系统的稳定造成最轻微的干扰，也可能会使某个敏感的物种成为濒危物种，继而灭绝。

对地球上的生态多样性最具破坏性的是栖息地被破坏。世界人口的增长意味着可居住土地要承受更加巨大的压力。这种不幸后果是因为，在国家内部和国际性的政治议程中，动物与植物的保护方案很少拥有任何优先权。物种栖息地面临的主要威胁来自农业用地的增加和资源开发。人类过度挖掘自然资源以进行大规模的商业投机行为，不仅彻底破坏了其他生物的栖息地，也使当地环境发生了根本性变化，以至于生活在那里的植物无法继续生存。由于人口的增加和政府的政策，用于农耕的土地数量也在大量增加。

目前最受公众关注的处于危险中的栖息环境是世界上的热带雨林地区，它们面临的主要威胁是农业扩张和伐木。从保护自然环境的角度来看，这些雨林十分重要，因为据估计，全世界

◀ 英国"滴滴涕（一种杀虫剂）"污染的主要受害者之一是游隼。世界上其他的猛禽，如白头海雕和鹗，也遭遇了同样的命运。幸运的是，自从禁用"滴滴涕"以来，这些鸟的数量又恢复了。

的已知物种中约有一半都生活在雨林中，而且其中很可能还生活着大量尚未发现的物种，尤其是微生物和植物。其中一些物种可能对人类医疗和工业具有至关重要的意义。

其他一些自然栖息地也遭到了破坏。湿地（像泥沼、红树林沼泽和盐沼），热带干旱森林，白垩土草地和石南灌丛都具有生态重要性。这些环境中通常有更多的地方特有品种（那些只在某一种特殊区域内生长的物种）存在。大量的土地变成沙漠——这种过程被称为沙漠化，也是一件很令人担忧的事情，而这通常是过度放牧、在贫瘠的土地上耕作过量，以及人类从游牧生

关注濒危动物

世界上普遍公认的濒临灭绝的物种之一是大熊猫（猫熊）。这一独特物种的数量下降可以归咎于多种因素的综合作用，并且清晰地为我们提供了当今多个濒危物种数量不断减少的原因。威胁大熊猫生存的主要因素是栖息地的丧失。大熊猫主要生活在中国的竹林地区。对树木和竹林的砍伐使大熊猫的生活区域不断缩小，并且引发了很多其他的问题。那些有大熊猫生活的森林被割裂开来，每片隔离的森林中只有少量大熊猫生存。这为它们的生育带来了阻碍，同时使它们失去了天生具有的一些基因，而这些基因能使大熊猫的后代具有更好的适应性。

据中国有关方面调查，生活在野外的大熊猫有 1500 多只。而在每个隔离的地区发现的数量不超过 100 只。伐木使土地更加开阔，使农田和定居者逐渐侵占这些森林中的土地。在中国，偷猎大熊猫的人要接受极为严厉的法律惩罚，最严重的会被判死刑，但偷猎活动依然存在。一张大熊猫皮可以卖到很高的价钱。由于大熊猫自身独特的生物学特点，情况就显得更加危急。大熊猫原本是肉食动物，但在进化过程中，它们逐渐形成了以竹子为主食的生活习性。不过，它们的消化系统与真正的食草动物并不一样。它们仍然没有完全适应只吃植物的生活。这就意味着大熊猫醒着的每一分钟几乎都在吃东西，每天最多要不断吃上 14 小时，才能从竹子中汲取足够多的营养以供生存。更糟糕的是，每隔 15 ~ 100 年就会有大片的竹林开花然后死去。当这种情况发生时，大熊猫就必须改吃其他没有开花的竹子。这通常也意味着它们需要迁徙到海拔较低的地方。但是由于栖息地的破碎化和人类居住地向森林不断扩张，加之大熊猫又是一种害羞、独居的动物，迁徙的难度很大。雌性大熊猫每隔两年会在最合适的生育季节里产下一只幼仔，所以，大熊猫的数量恢复得十分缓慢。

▲　图中这种红松鼠的消亡是它们的近亲美洲灰松鼠导致的。它们被这些灰松鼠驱逐出了它们原来生活的大部分区域。

活转为农业定居生活的结果。而这一结果还使得地下水供应不足，土壤迅速流失且极易被雨水和牲畜侵蚀。从周围地区吹来的沙子很快就会将这里变为沙漠。栖息地被破坏殆尽，而那些依赖栖息地的生物的下场也极为可怕。

在发达国家仅有少数自然栖息地存留下来。现在，对那些残存的自然栖息地来说，主要的威胁来自经济不甚发达的发展中国家的人类社会。这些国家的人们更加关注的是如何从土地上攫取可供生存的物质。他们经常会为此与当地的野生动物发生冲突。关于这个问题，最好的例子就是生活在印度和亚洲东南部的亚洲象。在这些地区，高密度的人口导致大象在森林中的栖息地大量减少，

最后的结果

　　下方的流程图阐释了导致物种灭绝的主要因素。一个因素会引发另一个因素，而后整个系统就会迅速形成恶性循环。一旦形成小型、孤立的生物群体，物种就很难再恢复原貌。然后它们就会陷入呈螺旋式下降趋势的近亲繁殖的怪圈中，并导致物种数量下降。直到它们的数量下降到一定程度，人类才会有所察觉，但此时拯救那些物种的难度已经非常大了。

人类的行为

- ※ 栖息地被破坏
- ※ 栖息地破碎化
- ※ 栖息地被污染

- ※ 过度开采

- ※ 外来物种的引进，或外来传染病

- ※ 数量迅速下降
- ※ 种群隔绝
- ※ 不能转移到新区域

因为人们要把土地清理出来发展农业。这也就导致了亚洲象数量的减少。为了攫取象牙而偷猎雄性亚洲象也带来了很多问题。

那些仍然存留的自然栖息地大多数都被分成了一小片一小片的区域。道路、公路、篱笆、铁路等都会导致栖息地破碎化。虽然这些问题不会当时就被发觉，但人们相信，动物和植物种子正常活动面临的任何障碍都会导致物种的消失。物种由于多种原因受到栖息地破碎化的影响。分布范围广泛的物种不能像它们需要的那样在广阔的区域内吃草或者觅食，依靠动物散播种子的植物不能把种子传播到它们生长的区域之外。那些易受惊吓的动物很快就会在饥饿中死去，而不是试图穿过公路并与人类接触。

▲ 露脊鲸在英文中叫作 right whale，意为"正确的鲸鱼"，这是因为它们是人类眼中最值得捕获的鲸类。在捕鲸活动出现以前约有 5 万头露脊鲸，如今它们的数量大幅下降，已被列入濒危物种。

近亲繁殖会导致：
基因库所含基因种类减少
患先天性疾病的概率升高
后代夭折率高
适应能力降低

※ 数量不能恢复
并持续减少

物种濒临灭绝
此时很难重建具有遗传多样性并能使自身永存的大型种群

灭绝

生活在灭绝边缘

　　下面这张地图阐释了世界上一些生存受到威胁的动物生活在什么地方，以及令它们身处险境的原因。

名称：地中海僧海豹
生活区域：地中海
现存数量：500 多只
数量减少的原因：污染、捕鱼、旅游开发

名称：山地大猩猩
生活区域：卢旺达，扎伊尔，乌干达
现存数量：不详
数量减少的原因：栖息地被破坏，偷猎

名称：黑足鼬
生活区域：北美洲大草原
现存数量：几乎已经从原野上消失了
数量减少的原因：猎物减少、毒害和疾病

名称：狮面狨
生活区域：巴西
现存数量：动物园里有 500 多只
数量减少的原因：栖息地破碎化

名称：北方蛛猴
生活区域：巴西
现存数量：200 ～ 400 只
数量减少的原因：栖息地被破坏

名称：金竹驯狐猴
生活区域：马达加斯加
现存数量：200 ～ 400 只
数量减少的原因：栖息地被破坏

名称：姬猪
生活区域：印度
现存数量：已灭绝
数量减少的原因：栖息地被破坏

名称：大熊猫
生活区域：中国
现存数量：1500 只左右
数量减少的原因：栖息地被破坏，种群隔离，环境污染，捕猎

名称：越南叶猴
生活区域：越南
现存数量：几百只
数量减少的原因：栖息地被破坏，偷猎

名称：西表猫
生活区域：西表岛
现存数量：40 ~ 100 只
数量减少的原因：野猫的生存竞争，
猎捕，栖息地被破坏

名称：爪哇犀牛
生活区域：印度尼西亚爪哇岛
现存数量：约 60 只
数量减少的原因：栖息地被破坏，偷猎

名称：印支虎
生活区域：中国到印度间的大部分地区
现存数量：1200 ~ 1700 余只
数量减少的原因：栖息地被破坏，偷猎

名称：柬埔寨野牛
生活区域：印度半岛，中国西南部地区
现存数量：100 ~ 300 头
数量减少的原因：偷猎，栖息地被破坏，近亲繁殖

迁徙的动物受到的影响尤其大。那些季节性迁徙的动物可能会突然发现自己被限制在某一个特定的区域内，而这些区域无法在四个季节中都保证它们的生存需要，于是，它们可能会因饥饿而死去。在那些大型的还没有被破坏的广阔的栖息地，破碎化还具备一些不同的限定条件。例如在那些面积较小的破碎化地区，捕猎和火灾的发生率都很高。

在我们的星球上，人类造成的污染给许多物种带来了灾难。污染的后果并不会立刻表现出来。污染也可能并不具有可以立刻杀死一只动物的毒性，但却会引发严重的传染病、生理并发症、遗传突变、营养不良、后代残疾等。污染物通常会通过食物网起作用，污染的浓度越来越高，毒性越来越强。最后，位于食物网最末端的动物会摄入大量有毒物质，进而导致死亡或者严重的伤害。

大开眼界

无用的藤

　　1987 年，人们在喀麦隆发现了一种新型蔓生植物，并在美国进行测试的样本中提取出几种化学物质，表明它们可能正受到艾滋病毒的威胁。究竟有多少种可能对人类有益的物种已经从地球上消失了？

▲ 为了拯救黑足鼬，自然资源保护者在野外捕捉到了他们认为的最后几只野生黑足鼬，但很快它们就被犬瘟热夺去了性命。幸运的是，人们又发现了另一群野生黑足鼬，并且成功地繁殖出了后代。

在人类污染对野生物造成的影响中，最有名且受到深入研究的一个例子就是人类对"滴滴涕"杀虫剂的使用。这种杀虫剂是在第二次世界大战中发明的，它杀虫非常有效，并被全世界的人们广泛使用。但同时人们也记录下了猛禽（食肉鸟类）数量的大量下降。最后，在 20 世纪 70 年代，人们发现在"滴滴涕"、其他杀虫剂以及猛禽的消失之间存在一定的关联。这些杀虫剂并没有直接杀死鸟类，但却导致了雏鸟死亡率的上升。现在，虽然在大多数的发达国家和部分发展中国家已经明令禁止使用"滴滴涕"，但它仍然被出口到其他发展中国家和不太发达的国家，并被这些国家广泛使用。

水生环境污染同样对水生物种造成了难以形容的伤害。由于人类生活在陆地上，所以某些人发现把垃圾倾倒在海洋中是一件很方便的事情，因为那不会影响到人类自身的生活。但现在人们发现，有许多海洋哺乳动物，像鲸、海豚和海豹，都由于水质污染而数量下降。每年，有 15 万余种不同的化学物质被释放到海洋中，其中最主要的"犯人"是来自工业和农业的污染物。据一次针对生活在加拿大海滨中的白鲸进行的研究表明，它们是地球上受污染危害最严重的动物之一。虽然受到禁止商业捕鲸法律的保护，但它们现在面临的主要威胁来自污染。石油泄漏并不鲜见，每一次泄漏对当地的生态群落都是一次摧毁。但是除了媒体的关注，人们并没有为避免石油泄漏引发的灾难采取什么措施。

人们通过穿越海洋、沙漠和山脉来拓垦新的土地，并带去新的物种（外来或非原生物种）。外来物种的引进常会打乱当地的生态平衡，而且可能会给本地物种带去毁灭性的影响。通常情况下，外来物种在新的土地上没有天敌，而且有充足的食物来源。这就意味着它们的数量会大幅度增加，不受限制地繁殖，并导致被它们猎食的物种数量下降，甚至濒临灭绝。例如，曾经被引进到一些太平洋岛屿上的褐色树蛇，可以毫无顾忌地吞食当地鸟类的蛋。因此，许多当地的鸟类现在已经处于灭绝的边缘。

引进物种还有可能会和当地的物种争夺食物、空间、光线、水源以及营养物质。当那些彼

◀ 是偷猎者夺走了又一个受害动物的生命吗？实际上是这头犀牛已经被自然资源保护者小心地切去了角。这些人采取了一种极端的方式来阻止冷酷的偷猎者。

此之间有很近的亲缘关系的物种聚集在一起时常会发生这种情况。在这样的生存竞争中，一个物种可能会完全战胜另一个物种，从而居于统治地位，并导致失败的物种要么死去，要么迁徙到其他地方（如果可能的话）。在英国的红松鼠和引进的美洲灰松鼠之间就发生过这样的事情。

引进物种还会带来疾病，而本地物种却可能不具有这些疾病的抗体，这也会导致物种濒临灭绝。今天，在那些濒临灭绝的动物中，差不多有一半是因为人类对自然过度开发而身处险境。大范围的捕鱼和打猎杀害了自然界中的许多物种。在此过程中应用到的先进机械工具和方法意味着人们可以一举收获想要的所有生物。而这也以极快的速度耗尽了自然物种的数量，因为这样的消耗速度远远超过它们被其他物种取代的速度。

渔业就是一个极好的例子。在北海，多类鱼种被持续性地过度捕捞，直到人们再也捕捞不到足以完成其商业价值目标的数量。于是人们又会选中一些新的鱼种进行过度捕捞。全世界约有 17 种主要鱼类，但如今只有 4 种还没有被过度捕捞。每年，人们大约要捕捞一亿吨鱼，其中会有 3000 万吨鱼会因不合人类所需标准而被直接丢回海中，而很多鱼类此时已经失去了生命。大量像海豚之类的海洋哺乳动物也成为那些没有分辨能力的捕鱼设备的受害者。

有许多种类的生物要么因为被捕猎而濒临灭绝，或者是由于其他原因而日益稀少。例如在有些国家和地区，犀牛角和虎骨都会被当作药物成分。还有一些人会为了获取熊胆而高额悬赏。人们还会捕获一些动物用来进行体育竞技。为了获得鲸肉、骨和鲸油，人们曾经进行过大规模的猎鲸活动，许多种鲸的数量都下降到了危险的低水平上。现存最大的动物蓝鲸如今的数量已经很少了。1986 年，国际捕鲸组织规定，除用于科学研究外，严禁捕杀鲸类。这个规定使得大多数种类的鲸类动物的数量开始慢慢恢复。

◀ 成语"祸不单行"适用于形容亚马孙雨林中的每一处景象。农业生产、人类定居和矿物资源的开发致使森林遭到破坏，土壤被侵蚀，并因此破坏了很多自然群落。

生活的情趣

我们总喜欢把自己与其他生物体区别开来，但事实上是我们使那些正在被毁坏的生态系统和生物群落的境况愈加混乱。事实上，我们是在自掘坟墓，我们正在慢性自杀。世界上所有的遗传工程师、分子生物学家和魔术师都不能取代在过去的6亿年中逐渐进化而来的生物多样性。那些有名的濒危物种可能是幸运的，因为它们是拥有公众支持的具有超凡魅力的大型动物。然而，从生物学角度讲，它们只是地球基因库中的一小部分而已。据估计，每年大约有2.7万个物种会灭绝，其中大部分我们既没有见过，也没有听说过。但是，所有这些已经消失的生物体的基因所反映的遗传多样性与大熊猫、梅花鹿、老虎、大象和大猩猩的基因一样重要。实际上，用一种完全利己的观点来说，就像人类始终关注的那样，微生物和植物可能是值得保存下来的最重要的有机体。

◄ 这头体表呈现出美丽白色的白鲸使人们忽略了一个事实，那就是在它们生活的水域中，很多生物群体正逐渐受到水污染的毒害。如今，许多海洋鲸类动物面临的主要威胁不是人类捕鲸，而是污染。

我们要依靠大气、自然界的栖息地、植物和动物来获取氧气、水以及生产所需的原材料。最重要的是，它们还可以为我们提供新的食物来源、材料、药品等。随着时间的推移，或许即使环境改变了，它们也能生存下来，因为它们具有适应能力，借由自然选择的奇迹，适应新的环境。多样性是生命的情趣——不幸的是，人类对多样性被破坏的危险却无动于衷。

生态平衡

在非洲一个气候温和的夜晚，观看一群羚羊反刍咀嚼自己的食物，你可能会得到这样一种印象：这些动物过着一种平静而轻松的生活。但实际上，大自然所有的野生动物都在持续不断地与贫瘠、残酷的生存环境做斗争。

在大自然的每一个级别上都有生态系统，从一片草叶到太平洋或者亚马孙雨林。大的生态系统，像沙漠和海洋，被称为生物群系。每一个生态系统都是由各种各样的生命构成的：动物、植物、细菌、病毒和真菌，以及那些没有生命的东西（例如阳光、风、腐蚀物、火、矿物质）。不管某个生态系统属于哪一级，处于什么水平，它们的基本组织结构几乎都是一样的。出于对能量的需要，所有的生物都彼此依赖、互相关联。大多数有机物的能量来源于太阳。如果你认为金钱能够使这个世界运转的话，那么请再想一想，如果没有太阳，地球上就不会有高级生命。能量被绿色植物利用，并随后通过食物链在生态系统中流动。

所有动物都通过这种能量的流动联系在一起，它们必须彼此相互作用，以及与环境相互作用，才能够生存下来。任何一个特殊的生态系统中的物理条件，比如土壤的肥沃程度、阳光是否充足，以及气候是否适宜等，对生活于其中的植物和动物的种类都会产生很强的影响。

在特定的生态环境中，生物早已适应了自己所处的环境条件。在这些环境条件中，任何一种条件突然变化，都可能给这个生态系统带来严重的问题，不管是对有生命的，还是对无生命的。

一个健康的生态系统应该是平衡的，能量的输出等于能量的输入。一个生态系统可以支撑的物种的最大数量被称为生态系统的载容量。在生态系统能够支撑的意义上，生态系统中的生物彼此之间会互相影响，而且它们也会与环境互相作用。在生态系统的潜在载容量下，物种的数量水平能够保持得很好。例如，尽管狮子吃野兽，但是它们的生存也非常依赖这些野兽。如果狮子的数量迅速增加，就会有过多的野兽被猎食，那么狮子最终会面临饥饿，而且数量也会开始减少，直到野兽的数量再度恢复。生物也以一种类似的平衡方式，和自己生存的物理环境互相影响。例如，植物的光合作用会利用二氧化碳释放出氧气；而动物的呼吸却需要氧气，释放的是二氧化碳。于是，这两种气体能够很好地互相维持平衡。通过这种简单的方式，大自然中的一切都保持着一种和谐状态，并使自身生生不息。

知趣

动物和植物对一些资源都有特定的需要，例如营养物质、食物、阳光、巢穴等。在生态系统的基础构造中，每一种动物和植物都会占据着一个特定位置，在这里，它们可以在一个对自己最为理想的水平上生存下去。生物在生态系统中占据的位置被称为生态龛位。

当两种动物在同一生态系统中占据同一小生境时，为了获得各种资源，它们相互之间会直接处于竞争态势。比较不同环境中的生态系统或者生物群系，我们可以发现，虽然动物已经适应了自己生存的环境，但是在它们所处的特定的生态系统中，它们仍然占据着相似的生态龛位。

▲　东非的大草原是一个"狼吃狼"的世界。这头雌狮子正拖着沉重的身子追逐一头美味的猎豹。在同一个栖居环境中，不同肉食动物之间的竞争通常很激烈。如此残酷的战斗可能会以生命的终结而结束。

付出和获得

在大多数生态系统中，一些生物会和别的生物结成"联盟"。这种关系可以发生在不同的物种之间，但是对于它们究竟是如何结成这种关系的，至今在学术

▶　美国宇航员尼尔·阿姆斯壮曾经说，当他从太空中看地球时，他简直不敢相信地球看上去竟然如此支离破碎。他是对的。我们这颗行星上的生命，在一种脆弱的平衡中摇摆着。但是，如果人类活动继续打破这种平衡，我们的生物圈就不能够存在下去了。

生态草场

　　绿色植物①把太阳能转换成化学能。植物又把营养物质提供给松鼠②和兔子这样的食草动物。食草动物又被猫科动物③或者猫头鹰④这样的食肉动物吃掉。刺猬⑤身上的尖刺对草地生态圈中像苍蝇这样的物种几乎没有防御作用。寄生虫很重要，因为它们能控制其他生物的数量。狐狸⑥也能帮助清除生态系统中的薄弱环节。一些生物靠彼此获利的方式生存。蜜蜂⑦和开花植物的关系就是很好的例子：蜜蜂从开花植物中获得花蜜，同时也为它们授粉。当大生物死亡后，会有一群小生物⑧进入它们体内，将它们分解。死亡的生物给斑鹟⑨提供了食物。菌类⑩也在腐败的物质上繁荣生长，并帮助将营养物质送回到土壤中。

　　界仍有争论。

　　共生是一种常见的关系，是指在两种生物之间，有一种比较亲密的结合。共生有三种形式：互利共生、共栖和寄生。互利共生是两种生物之间的结合，它们彼此都能从这种关系中获利。这是两种生物在进化过程中，最公平、最能被人理解的一种方式。共栖比互利共生的关系要松散一些，而且这种关系不太好被定义。它是指两种独立个体之间的关系，而且似乎只有一方获利。另一方在这种关系中并不能获得什么，但是也不会受到伤害。在寄生关系中，只有一方会获利（寄生虫），而另一方则会受到损害（寄主）。在寄生关系中又有很多不同种类的寄生虫——其中许多都是微型生物，例如细菌、病毒和原生动物。它们通常都对自己的寄主有致命的影响。外寄生虫也是一种寄生虫，像苍蝇，它们生活在寄主体外。相反，内部寄生虫是像绦

定义

生态学研究影响动物和植物的生活环境的各方面内容，以及研究动植物的数量如何增长。

物种可能有两种含意：第一，物种在生态学上的定义是指一群能够成功交配并繁殖后代的动物，它们不会与其他物种中的个体杂交；第二，物种在分类学上的定义是指一群拥有特定的特征，区别于其他种类的个体。

物种数量：在同一个栖居环境中生活，并且互相影响的同一物种中的一群有机生物。

物种群落：在同一个栖居环境中生活，并且互相影响的许多不同物种。

生态系统：一个有机生物群落，它们的物理环境互相作用。一个健康的生态系统应该是平衡的，自身能够永久存在的，在时间的流逝中，只会逐渐或者有限度地改变。

生物圈：地球的外壳大气层，以及所有活着的有机生物。

竞争

内部竞争指同一物种的不同成员之间的竞争。例如，植物彼此会为空间、阳光和营养物质而竞争。动物之间会为了食物、栖居地、雌性和领地而竞争。

交互竞争是指不同物种之间的竞争。在那些有两类或两类以上物种共同生活的地方，为了获得生态系统中的资源，它们会彼此处于直接竞争状态。

▲ 两头雄性红鹿在上演一场内部竞争。大多数动物都会避免这种竞争。

虫一样的生物，它们生活在寄主体内。寄生虫是会对人体产生影响的一种生物，全世界每年都有上百万人被病原性寄生虫杀死。

它们喜欢炎热

你有没有想过，为什么中非和南美的动植物种类，比欧洲和格陵兰岛的动植物种类多？为什么生物没有平均分布在全球？尽管人们已经发现了成千上万种动物与植物，但是也有足够的

▲ 在共生关系中，谁获益最多通常是不清楚的。在图中这个案例中，一些人说海蟹从海葵具有保护性的刺须中获益；另一些人则相信海葵获益更多，因为它们以海蟹身上的废物为食。

▲ 这是角蝉和几只不劳而获的幼虫。所以，在生态系统中，寄生虫并不是最可爱的成员，但是它们对控制物种的数量起着至关重要的作用。

大开眼界

纠缠的生态关系

尽管狂风、火、干旱、疾病和洪水会对生态系统产生严重影响，但实际上，它们却是整个系统中最基本的一部分。

现代的生态学家们相信，这些看似混乱的自然现象能创造空间，产生新生命，并帮助把过多的物种数量减少。这一切对于保持生态系统的健康都非常重要。

证据证明，在地球热带地区的生物差异性正在日益呈增长的趋势，尤其是一些特定的植物种类。而那些地球上野生物差异巨大的地区被称为生态的"热点区"。

全世界大约有 18 个野生物"热点区"，其中 14 个都位于热带地区。这些地方的物种数量庞大，而且这些物种只在当地的特定地方才能找到（它们被称为地方品种或特有品种）。热带地区为什么有如此众多的植物群落与动物群落，生物学家们对此提出了许多理论。这些理论包括：热带地区的生物群落更古老，有更多时间进化成为复杂的生态系统；热带是一种更稳定的生态环境；热带地区有更多的寄生虫和有害物；那儿有更大的空间供新物种在隔绝和杂交的状态中进化——这些理论都被提了出来。而且似乎多数理论都是正确的——如果不是全部的话，而且它们都通过在热带地区发现的不同物种得以证明。

在生态平衡中，保护生物在"热点"地区的地方性物种尤其重要，因为这些物种都不能在地

北极苔原冻土地带之王——北极熊

加拿大的食肉动物——灰狼

非洲狮，它是非洲大草原上的高级食肉动物

大型食肉动物

　　非洲狮、美洲虎、老虎、灰狼、大白鲨和北极熊，都生活在不同的生态环境中。但是在它们自己的生物群落中，它们都是位于食物链顶端的食肉动物。在它们自己的生态系统中，它们占据着同样的地位或者小生境。所以，在维持这些系统的平衡方面，它们起着相似的作用。像这样的大型食肉动物，对控制它们所属的生物群落的物种的数量，起着非常重要的作用。所以，如果一些位于食物链顶端的食肉动物从它们的生态圈中被转移，那么对于生态系统的其余部分，就会产生深远的影响。

在南美雨林中，美洲虎是食物链顶端的食肉动物

印度森林中的孟加拉虎

海洋中的大鱼——大白鲨

多刺的平衡

在一个本来保持着良好平衡状态中的生态系统中，来自大自然的任何影响，都会对生态系统中的其余部分产生戏剧化的、有害的影响。最好的例子是，人们把多刺的梨形仙人掌从南美洲引进到澳大利亚。最初，人们是把仙人掌作为灌木篱墙引进的。但是，在澳大利亚它们没有天敌，于是这些植物就毫无限制地生长，占据了好几千英亩的农业用地。最后，生态控制专家发现，在南美洲生长梨形仙人掌的地方，有一种仙人掌螟蛾的幼虫会吃这种植物。于是，人们又把这种仙人掌螟蛾的幼虫引进到澳大利亚，才使得这种多刺的梨形仙人掌得到了控制。生态控制通常比人工除草剂更有效。

球上的其他地方生存下去。生物差异性并不仅仅与特定的气候区域有关，也与特定的生态环境有关——热带雨林、热带湖泊以及珊瑚礁中，都拥有丰富的植物和动物种类，并呈现出非常复杂的生态系统。但是，那些地球上很少被人们关注的环境，如大洋深处，可能在将来也会揭示出自身拥有的特殊的生态系统。

生物的守恒

今天，人口仍然在急剧增加，这给土地带来了巨大的压力。在不久的未来，全世界的动物和植物可能都会由于土地的匮乏而受到威胁。

保护自然资源要求我们保护地球的生态系统、自然环境，以及各种各样的生物。不幸的是，由于城市和村镇的扩张，许多自然环境都遭到了破坏。有的地方由于富含矿产，人们为了开发矿产资源，致使这些地方受到不同程度的破坏。还有一些地方是人们为了耕种粮食而遭到破坏。然而，这些被破坏的自然环境只能给人类提供短期的物质利益。现代自然资源保护主义者，必须尝试在人类利益与保护地球生物多样性之间，找到平衡。

▲ 创建于 1872 年的黄石国家公园，是美国最古老的自然保护区。自然保护主义者们至今仍然在争论，建立像黄石国家公园这样的大型保护区更有利，还是在同一区域建几个小型的自然保护区更为有利。

种类、基因和生物群落

生物多样性是什么意思呢？这个词可以从三个主要方面理解。

物种多样性是指现存不同物种的数量。保护物种多样性要通过保护关键种来实现。关键种是指对其他物种的延续至关重要的生物。这对于维护生态系统的平衡和顺利延续至关重要。例如，当一种热带植物灭绝后，有 10～30 种无脊椎动物也将随之灭绝，因为这些无脊椎动物都依靠这种植物生存。

遗传多样性是每个物种遗传变异的数量。遗传多样性的好处在某一物种消失之后就能显示出来。在孤立的小型生物种群中，物种消失是一个普遍存在的问题。物种消失主要是由同系繁殖引起的（有亲缘关系的个体物种互相交配）。在小种群中，同系繁殖难以避免，因为几乎每个个体之间都有亲缘关系。关于同系繁殖为什么会带来问题，有着复杂的基因因素，但它们的后

▲ 在 20 世纪 70 年代，这种毛里求斯茶隼曾经濒临灭绝。当时，能够繁殖的毛里求斯茶隼只剩下了两对。后来，人们将这种鸟关入笼中喂养，繁殖，再把它们重新放回野外，从而使它们的数量得以增加。如今，在毛里求斯野外的一些地方，已经有了这种生物的种群。

▲ 据估计，马达加斯加岛上大约有 85% 的植物都是当地的特有物种，它们在地球上别的地方并不存在。那些独特的维管植物生活在马达加斯加岛上的干旱地区，比如图中这种非洲霸王树，它们的数量非常稀少，而且已经受到了保护。

代都会导致近交衰退，这意味着它们的后代遗传某一种疾病（先天性疾病）的概率更高。它们的后代可能会由于基因缺失导致不育，而且后代在生育中，自然流产和死胎的概率大大提高。

在遗传漂变中，小种群也可能会逐渐失去遗传多样性。如果个体物种携带的基因，尤其是稀有物种的基因，没有被任何一个后代继承下来，那么当个体物种死亡后，这种基因也就随之消失。随着时间的流逝，在这个种群中，遗传变异性就会逐渐减少。如果种群中所有个体的基因都很相似，那么它们更容易由于某种疾病的传播而灭绝，因为种群中的任何个体都不具备对疾病的抵抗力。

群落多样性是生物群落对自然条件变化的一种反应。目前，所有生物群落的生态关系还没有得到很好的研究，大多数研究的重点都倾向于某种生物，以及这种生物与其他生物和环境的交互作用。

◀　国内和国际的动物保护法，都可以保护数量正在衰减的物种。美国的濒危物种保护协会已经对许多濒临灭绝的动物和植物实施了保护，比如美洲鳄。如今，这些动物已经不再面临灭绝的危险。

◀　植物通常被人遗忘，不过，几乎在所有的生态系统中，它们都是最基本的组成部分。对人类来说，它们是重要的食物、药材以及原材料。图中这种富兰克林树，如今已在荒野里灭绝了，只有在一些植物园中才能看到它们的影子。

保护区的大小对物种有影响吗

人们对于保护自然资源有各种理论，其中最重要的一个理论涉及自然保护区。1968 年，有两位生物学家——麦克阿瑟和威尔逊，出版了《岛屿生物地理学理论》一书。这本书讨论了世界各地不同岛屿的生态因素，如生物的群集、灭绝和自然演替（某一特定地区特有的环境或区域成分变化，引起生态系统逐渐、有序的发展和演替的产生）。许多人发现了岛屿和自然保护区之间的生态关联，因此，许多政府和自然资源保护组织把这些研究成果用于保护区的规划设计。

基于这一理论的主要原因是：大型保护区优于小型保护区；在某地建一个大型保护区优于建几个小型保护区；保护区最有利的形状是圆形；尽量把每个保护区连成一片，而不是让它们相隔太远；尽量利用"生态走廊"把每个保护区连起来，而不要让它们彼此孤立。

在这些观点中，有两点引起了自然资源保护者的争执。因为这种理论假设的基础是保护区和被海域环绕的岛屿的生态环境相似。但实际情况通常并非如此。一些保护区几乎完全被自然栖居环境包围着。

在这些早期的争论中，其中一点是关于在同一片区域内，一个大型保护区维持的物种多，还是几个小型保护区维持的物种多？支持建一个大型保护区的人认为，只有这样才能确保各类物种（如大象）长期生存，以及物种低密度（物种能够稀疏分布在大片区域内，如鹰）。支持建

▲ 这只海牛生活在美国佛罗里达的蓝泉中，它很幸运地活着。它背上恐怖的伤疤是船的螺旋桨造成的，从而证明，如果人类和野生动物的生活区域很接近的话，它们的生存状况可能会越来越糟糕。

几个小型保护区的人认为：这样才能保护更多的稀有物种，以及维护生态环境的多样性。而且多建几个小型保护区，能加强物种对灾祸的抵抗能力，比如疾病，这样不会导致整个物种灭绝。

另一个争论的焦点是保护区之间的"生态走廊"，它可能会沿着现存的物种自然迁徙的路线，形成一个大型的自然保护系统。一些人声称：这些"生态走廊"能让动物在保护区之间安全活动，为动物提供更广阔的漫游空间。作为回报，这些动物又会帮助孤立的生物群落进行杂交，植物的种子会被动物携带到新的地方。同时，"生态走廊"还能帮助迁徙的动物，使它们能够在相连的保护区之间季节性迁徙。也有一些人说，"生态走廊"会促使疾病和害虫的蔓延，而且沿着"走廊"，来自动物和人类的掠夺行为都会增加。

遗传的瓶颈

有时，由于意外灾难，某个动物或植物群落的数量会急剧减少，最后只剩少数成员。这被称为"遗传瓶颈区"。最新的一个案例是对坦桑尼亚恩戈罗恩戈罗火山的狮群的研究。研究表明，保护区日益被农田包围，正在面临慢慢变成"生态岛屿"的危险。20 世纪 20 年代末期，恩戈罗恩戈罗火山被宣布为自然保护区，1979 年它成为世界遗产。火山坑的地面面积达 259 平方千米，深 610 多米，它将这片地区与周围的赛伦盖蒂大草原截然分开。

1962 年，这里有 65 ～ 70 头狮子。那年降了一场特大暴雨使厩螫蝇的数量急剧增加。尽管

◀ 生活在恩戈罗恩戈罗火山地区的这些狮子，它们看起来都很健壮，但从基因角度来说，它们并不是很健康。因为生活在这里的所有狮子相互都有亲缘关系。它们的基因相似，注定有一天会灭绝。

狮子很勇猛，但它们面对这些弱小的敌人却束手无策。狮子不停地被厩螫蝇折磨，它们浑身疼痛，乃至最后虚弱得无法捕获猎物。结果，在那一年的雨季之后，只剩下了10头狮子——9头雌狮、1头雄狮。后来，另外7头雄狮迁徙到火山区。但从那以后，再也没有别的狮子来到这里。今天，这里的100多头狮子全部是由最初那几头狮子繁衍而来的。

科学家们进行了一项研究，想看看这里的狮子是如何近亲繁殖的。研究结果证实了科学家们的担忧，几乎所有狮子都具有相同的遗传基因。生活在这里的雄狮与生活在赛伦盖蒂大草原上的雄狮相比，它们的精子的畸形率较高，而且生育的成功率极低。这些问题几乎都是近亲繁殖的结果。

恩戈罗戈罗火山的狮子面临的主要威胁，并不是由于它们的栖居环境被破坏，也不是由于人们偷猎，而是来自流行性疾病的风险。它们缺乏遗传变异性，意味着它们的免疫系统发展迟缓，某种疾病的流行极可能导致整个物种的灭绝。

保护区的管理

保护区一旦建立起来，就必须进行有效管理，使生物多样性达到最大化。保护区最主要的任务是保护稀有物种和当地的特有物种。不过，一些自然主义者争论道、这些地区一旦受到保护，就将与大自然隔绝。另一些人则说，为了防止稀有物种和稀少的自然环境的消失，应该对它们进行监控和管理。如果人们想保护的物种和植被最终都会慢慢消失，那么建立大型保护区也就没有作用了。

关于这一点，能够在人们对石南荒野的管理上得到证明。在自然进程中，石南荒野有可能

◀ 石南荒野受到了"管理"——保护主义者不断地对石南荒野进行焚烧和监控。在石南荒野上有着非常独特的生态系统，而且这里是大量稀有物种的家园。不过，在今天，许多人都认为它并不是一个"天然"的栖居环境。

会变成灌木丛林，最终变成林地。可是，世界上已没有多少大面积的石南荒野。于是，为了保护它们，就必须对它们进行管理，阻止它们的自然进程。因此，人们要不时地对石南荒野进行焚烧，这样就能在未来好几年里，防止石南荒野变成灌木丛林。

　　反对者认为，尽管可以通过定期焚烧"留住"石南荒野，但对生活在石南荒野上的稀有物种和特有物种并无好处。那些能够在焚烧中生存下来的物种，可能会在这片土地上大量生长，在数量上占绝对优势，并在生存竞争中"战胜"其他的植物或动物。而从保护自然资源的角度来看，这些被"战胜"了的动植物，对于生态可能具有更重要的意义。但是，如果允许石南荒野进入自然进程，稀有物种和特有物种也可能会在竞争中被新的生物群落取代。

▲ 在菲律宾，海马受到了很好的保护。由于它们在药材行业中的高额利润，人们曾经大量猎捕它们，致使它们的数量急剧下降。今天，人们已经知道了该如何保护它们，不使这种动物灭绝。

当地的生物群落

　　世界上大多数自然保护区都位于发展中国家。因此，在建自然保护区时，必须考虑当地人的利益。很多时候，西方

▲ 研究显示，生活在美国西南沙漠中的盘羊，数量只有 100 只左右。不过，在人们的保护下，大概在 50 年后，它们的数量会增加。

的自然保护主义者在制定保护区的宏伟蓝图时，忽略了当地人的需要和传统，这通常会导致当地人、被保护生物，以及政府之间的冲突。如果当地人突然被告知他们再也不能在自己长期拥有的土地上收割草料、打猎、采集植物，只因为这里发现了某种稀有的鸟或植物，那么将可能导致他们对这样的自然保护条款心存怨恨。

在印度建的一些老虎保护区就能说明这个问题。建老虎保护区之前，附近的村民们可以在森林里砍柴、采野果和蜂蜜。当保护区建起后，村民们再也不能进保护区砍柴、采野果和蜂蜜了，他们只能在保护区外的小范围内寻找生活所需，这使得他们的生计更为艰难。因此，当地人对于保护老虎、阻止偷猎者，没有任何热情和愿望。

保护我们的遗产

今天，保护生物多样性成为保护自然资源的关键目标。人们普遍认为，在动物园和自然保护区中，每个物种的数量只有几百并非好事。为了确保地球上的生命长盛不衰，我们必须维持大面积的自然栖居环境，保护生态系统、生物群落和种群，这样才能保证遗传多样性和物种多样性。地球上的生物多样性一旦被破坏，就无法很快恢复。地球上的生命可能是在35亿年前，由共同的祖先发展而来的，那以后，生命形式一直在不断多样化。生命要再次达到这样的多样性，必须再经历几十亿年的时间。